インプレスR&D [NextPublishing] 技術の泉 SERIES
E-Book / Print Book

iOSアプリ開発
UI実装であると嬉しい
レシピブック

酒井 文也 | 著

すぐに試せる
サンプルアプリ収録！

impress
R&D
An impress
Group Company

JN219352

目次

はじめに ………………………………………………………………………………… 4

動作環境及びバージョン ………………………………………………………………… 4
　　必要な前提知識 …………………………………………………………………… 5

サンプルコードに関して ………………………………………………………………… 5

誤表記などに関するお問い合わせに関して …………………………………………… 5

サンプルのURLと見た目 ………………………………………………………………… 5
　　第1章 ……………………………………………………………………………… 5
　　第2章 ……………………………………………………………………………… 6
　　第3章 ……………………………………………………………………………… 6
　　第4章 ……………………………………………………………………………… 7

免責事項 ………………………………………………………………………………… 7

表記関係について ………………………………………………………………………… 7

底本について …………………………………………………………………………… 7

第1章　サイドナビゲーション型のUI ………………………………………………… 9

1.1　ContainerViewについての確認 ………………………………………………… 9

1.2　ContainerViewの活用ポイント ………………………………………………… 9

1.3　スライドするメニュー表示の概要と実装 ……………………………………… 12

1.4　StoryBoard構成とコードの解説 ……………………………………………… 13
　　1.4.1　サイドナビゲーション部分の実装 ……………………………………… 14
　　1.4.2　コンテンツの開閉に関する処理 ………………………………………… 20
　　1.4.3　子から親のViewControllerを操作する ………………………………… 26

1.5　サイドナビゲーション実装における別解 ……………………………………… 28

第2章　写真を拡大する画面遷移UI …………………………………………………… 32

2.1　View実装に関するTips集 ……………………………………………………… 32
　　2.1.1　Xibを使用した部品単位のView分割 …………………………………… 32
　　2.1.2　UIScrollViewとUIStackViewの合わせ技 ……………………………… 35
　　2.1.3　UICollectionViewを扱いやすくする …………………………………… 37
　　2.1.4　その他本書で利用しているExtension …………………………………… 39

2.2　使用したライブラリーのご紹介 ………………………………………………… 41
　　2.2.1　ActiveLabel.swiftの紹介 ………………………………………………… 41
　　2.2.2　Cosmosの紹介 …………………………………………………………… 43
　　2.2.3　Fontawesome.swiftの紹介 ……………………………………………… 45

2.3　カスタムトランジションの基本実装 …………………………………………… 46
　　2.3.1　まずは押さえておきたい基本のポイント ……………………………… 46
　　2.3.2　Present/Dismissの遷移をカスタマイズする …………………………… 49
　　2.3.3　Push／Popの遷移をカスタマイズする ………………………………… 50

2.4　画面遷移前の一覧画面の実装 …………………………………………………… 53
　　2.4.1　ヘッダー部分の実装における注意点 …………………………………… 54

| | | 2.4.2 | セルに配置した画像情報を取得する | 55 |

2.4.2　セルに配置した画像情報を取得する ······················· 55

2.5　画面遷移後の詳細画面の実装 ································· 58
　　2.5.1　サムネイル画像の視差効果表現 ···················· 59
　　2.5.2　ヘッダー部分のアニメーション表現 ················ 64

2.6　本サンプルにおける画面遷移表現のまとめ ··············· 69

第3章　Tinder風のUI ··· 71

3.1　実装する上でのポイント ································· 71

3.2　処理の橋渡しを行うプロトコル実装 ····················· 72

3.3　画面に追加した際の演出 ································· 74

3.4　カード状のViewとUIPanGestureRecognizer ··············· 79
　　3.4.1　UIPanGestureRecognizer内の処理概要 ·············· 79
　　3.4.2　UIPanGestureRecognizerの処理で利用するメソッド ··· 84

3.5　UIViewControllerとの連携部分の実装 ··················· 87
　　3.5.1　表示データとの連結部分の処理 ···················· 87
　　3.5.2　カード状のViewに定義したプロトコルとの連携 ······ 95

3.6　UIScrollViewを利用した画像表示の実装 ················· 98

第4章　入力フォームの実装例 ··································· 104

4.1　入力に関するView部品の実装 ··························· 104
　　4.1.1　フォームの入力や選択用のView部品 ················ 105
　　4.1.2　個数を入力するためのView部品 ··················· 111
　　4.1.3　UITableViewを扱いやすくする ···················· 116

4.2　使用したライブラリーのご紹介 ························· 117
　　4.2.1　KYNavigationProgressのご紹介 ···················· 117
　　4.2.2　Popoverの紹介 ································· 120

4.3　UITableViewを利用した表現Tipsの紹介 ················· 123
　　4.3.1　アコーディオン型の開閉する表現を実装する ········ 123

4.4　入力フォームの部分に関する画面実装 ··················· 128
　　4.4.1　UIPageViewControllerとの組み合わせ ·············· 129
　　4.4.2　キーボードの操作を考慮した画面構成 ·············· 137

あとがき ··· 143

はじめに

　本書を手に取って頂きましてありがとうございます。筆者は現在、主にiOSアプリ開発(使用言語はSwift/Objective-C)を行っています。特にその中でも、アプリのUI実装に関する部分に携わる多くの機会がありました。

　また業務以外の場所でも、登壇などでUI実装に関することをお話したり、TIPSを投稿する等の活動をこれまでも行ってきました。その他勉強会など同業のエンジニアの方々との交流の中で、「Web制作ではUI実装に関する紹介書籍があるのなら、iOSアプリ開発においてもUI実装に関する書籍の需要はあるのでは？」と感じることがありました。そもそも筆者は、キャリアのはじめがデザイナーから始まり、そこからWebエンジニアを経てモバイルアプリエンジニアになった経緯もあったので、今でもUI実装に関する部分に一番関心をもっています。

　iOSアプリのUIに関しては、「Human Interface Guidelines」[1]というiOSアプリ開発において極めて大切なドキュメントがあります。しかし、アプリ個々のUIを見ると、OSのバージョンアップやトレンドの変化はもちろん、プロダクトのデザインによってそれぞれの構成や実装方法、選択しているアーキテクチャーによっても変わります。

　この点を踏まえ、本書ではいくつかのまとまったサンプル実装を例に、UI構築をする上で重要な実装ポイントやアイデアを紹介します。一手間を加えた実装を加えたり、サードパーティーのライブラリーを上手に活用することで、既存のUIに素敵な彩りを添えることが実現可能なものがあります。本書で紹介している例は、筆者が業務でのアプリ開発で利用したTIPSや勉強会での登壇の際に作成したサンプルで利用したものを掲載しています。

　基本的な理解ができるようになり、これからiOSアプリを本格的に開発していこうと考えている方や、UI実装や表現に関する部分にさらなる磨きをかけていきたい方にとって、本書が少しでも役立つことができれば幸いです。筆者自身も現状に甘んじることなく、自分の開発技術や表現の幅を広げる努力を惜しまずに歩み続けていこうと思います。

動作環境及びバージョン

　本書の内容及び紹介しているサンプルのコードに使用したバージョンにつきましては、次の通りになります。またXcodeやSwiftのバージョンが上がった際には、Githubリポジトリー等でお伝えしていく予定です。

　掲載しているサンプルに関しては、2018.11.25（初版改訂時）のものになります。以前の2018.08.04（初版執筆時）のコードについてもリポジトリー内に残しております。

・macOS Mojave 10.14

・Xcode 10.1

・Swift 4.2

・CocoaPods 1.5.3

1.https://developer.apple.com/design/human-interface-guidelines/ios/overview/themes/

必要な前提知識

- Xcode や Swift に関する基本的な知識
- AutoLayout や Storyboard・Xib に関する基本的な知識

サンプルコードに関して

書籍で紹介しているサンプルコードは次のリポジトリーで公開しています。

- Github:https://github.com/fumiyasac/ios_ui_recipe_showcase/tree/convert_xcode10

また、使用した写真素材は「写真 AC(https://www.photo-ac.com/)」によるものです。

※ master ブランチに格納しているものは、Xcode9.4.1 & Swift4.1 で実装したものになります。

誤表記などに関するお問い合わせに関して

本書で掲載している内容につきましては、誤りがないように細心の注意を払っておりますが、もし訂正等がございましたら次のメールアドレスやGithubのissue、Twitter等を通してご一報頂けますと幸いです。

- Mail:just1factory@gmail.com
- Twitter:https://twitter.com/YuxBeta

サンプルのURLと見た目

第1章

- サンプル実装の難易度: ★★★☆☆☆☆☆☆
  —サンプルプロジェクト名: MenuContentsExample

<第1章：スライドメニューの実装サンプル>

第2章

・サンプル実装の難易度: ★★★★★★★★☆☆
　―サンプルプロジェクト名: InteractiveUIExample

＜第2章：カスタムトランジションの実装サンプル＞

第3章

・サンプル実装の難易度: ★★★★★★★☆☆☆
　―サンプルプロジェクト名: LikeTinderExample

＜第3章：Tinder型のカード選択実装サンプル＞

第4章

・サンプル実装の難易度: ★★★★★★☆☆☆☆
　—サンプルプロジェクト名: ReservationFormExample

＜第4章：情報入力フォーム実装サンプル＞

免責事項

　本書に記載された内容は、情報の提供のみを目的としています。したがって、本書を用いた開発、製作、運用は、必ずご自身の責任と判断によって行ってください。これらの情報による開発、製作、運用の結果について、著者はいかなる責任も負いません。

表記関係について

　本書に記載されている会社名、製品名などは、一般に各社の登録商標または商標、商品名です。会社名、製品名については、本文中では©、®、™マークなどは表示していません。

底本について

　本書籍は、技術系同人誌即売会「技術書典5」で頒布されたものを底本としています。

第1章 サイドナビゲーション型のUI

||||||||||||||||||||||||||||||||||||||||||||||||||||||||||||||||||||||||||||||||||||||||||||||||||||||||||

この章では、複数のContainerViewを組み合わせて、スライドメニューのようなViewとコンテンツの切り替えを行う部分に
関して解説します。メニューの開閉や現在表示している画面からの切り替えに関する部分は、コンテンツの量が多いアプリ
でよく目にする部分ですが、いざ自前で実装する時には大変な部分のひとつです。

||||||||||||||||||||||||||||||||||||||||||||||||||||||||||||||||||||||||||||||||||||||||||||||||||||||||||

1.1 ContainerViewについての確認

ContainerViewは、その名の通り「ViewControllerを表示するための入れ物となるView」です。

InterfaceBuilderからContainerと書いてあるView要素を引っ張って来たときに、
UIViewControllerが「Embed Segue」でつながれたViewが表示されます。ここで大事のは、
Embed Segueで繋がっているViewControllerと、ContainerViewを配置したViewControllerは親
子関係を持つことです。

この親子関係をうまく活用することで、任意のViewController内で親子関係を持つ別の
ViewControllerを表示したり、親子関係を利用した処理を組み立てることができます（※Notification
を活用するという方針も考えられますが、画面遷移やアプリの動き方が複雑な場合、実装時の考慮
漏れが起きやすくなります）。

もちろん、ContainerViewだけをあらかじめ配置し、その中に表示したいViewControllerをコー
ドやInterfaceBuilderから接続したり、Segueの名前からContainerViewに繋がるViewControllerの
インスタンスを取得することもできます。そのためStoryboardと相性がよく、画面遷移を直感的に
作成できたり、それぞれの画面ごとにViewControllerを分割・整理できる点は大きなメリットです。

ContainerViewの特性を活用したUIを考えていく上のポイントは次の3点です。

1. 全体的な画面遷移やContaierViewで、Embed Segueで紐付けされているViewControllerの関係
2. 異なるController間でプロトコルを用いて処理や値を橋渡しをする部分
3. 親ないしは子のViewControllerのインスタンスを活用する部分

これらに留意した上で実装を行えば、良い実装になるでしょう。

1.2 ContainerViewの活用ポイント

前述したとおり、ContainerViewをInterfaceBuilderで表示した際には、すでにViewControllerが
つながった状態で表示されます。ここからは、ContainerViewの性質に関するポイントをいくつか
紹介します。

図1.1は、InterfaceBuilderでの見え方です。今回紹介するサンプルでは、LayoutをStoryboardな

いしはXibを活用しているためにGUIとの連携している部分が多くなっています。サンプルを見て、設定している場所を確認しながら進めばより理解が深まるでしょう。

図1.1: ContainerViewの見え方

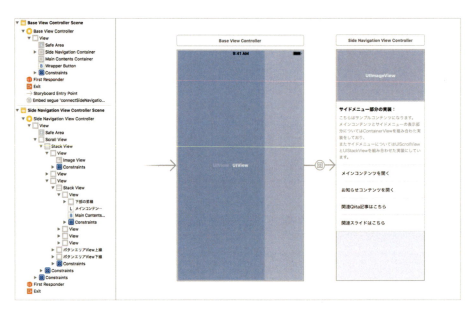

Storyboardを利用したContainerViewの見え方
サイドメニューのViewControllerはEmbed Segueで繋がっている

　またEmbed Segueについては普通のViewControllerだけでなく、NavigationControllerやStoryboard Referenceとつなぐことも可能です。作成したいiOSアプリの構造やUIに合わせて活用してみてください。

　次にContainerViewを取り扱う上でポイントとなる、配置されているViewControllerとの親子関係について解説します。親子間での処理の受け渡しについては、次のふたつの方針が考えられます。
　1．親ないしは子のViewControllerのインスタンスを作成して、任意の処理を実行する
　2．親ないしは子のViewControllerにプロトコルを定義して、任意の処理を実行する
　これらを実行したい処理に応じて使い分けますが、ここでは1.の手法を紹介します。

　リスト1.1は、ContainerViewを配置したViewControllerで、親子関係を利用して子のViewControllerで親のクラスのインスタンスを取得するコードの例です。

リスト1.1: 子のViewControllerから親側の処理を実行する

```
1:  // ※ 任意の親のさらに親をたどる場合は self.parent?.parent ... となる
2:  if let vc = self.parent {
3:      let parentViewController = vc as! ParentViewController
```

```
4:     parentViewController.doSomething()
5: }
```

逆にリスト1.2は、親のViewControllerから子のViewControllerで親のクラスのインスタンスを取得するコードの例です。

リスト1.2: 親のViewControllerから子側の処理を実行する

```
1: // ※ 子のViewController達は[ViewController]型で格納されているので、indexはその順番
の値
2: let childViewController = self.childViewControllers[index] as!
ChildViewController
3: childViewController.doSomething()
4:
5: // ※ 次のようなログを出力して該当のインデックス値を調べるのも方法の一つ
6: self.childViewControllers.forEach { vc in
7:     print(vc)
8: }
```

リスト1.3: デバッグコンソール出力結果

```
1: <プロジェクト名.indexが0のコントローラー名: xxxx…>
2: <プロジェクト名.indexが1のコントローラー名: xxxx…>
3: <プロジェクト名.indexが2のコントローラー名: xxxx…>
4: ...
```

配置した任意のContainerViewに、Enbed Segueで接続されているViewControllerのインスタンスをSegue Identifierから取得する方法も紹介します。ここでは、従来のSegueでの画面遷移に置いて遷移先に何かしら値を引き渡す際と同様に、リスト1.4」の様にprepareメソッドを利用します。

リスト1.4: Embed Segue名からつないでいるViewControllerを取得

```
 1: // 接続されている「Segue Identifier」から該当のViewControllerを取得します
 2: // MEMO: SideNavigationViewControllerの名前をこのようにする
 3: // →「Embed Segue: connectSideNavigationContainer」
 4: override func prepare(for segue: UIStoryboardSegue, sender: Any?) {
 5:     if segue.identifier == "connectSideNavigationContainer" {
 6:         let sideNavigationViewController
 7:             = segue.destination as! SideNavigationViewController
 8:         sideNavigationViewController.delegate = self
 9:     }
10: }
```

InterfaceBuilderとコードの合わせ技でのContainerViewを活用したUI実装は、アプリレイアウ

トの基盤部分に関わるものになる事もあります。実装をマスターしておくと助かる事が多いのではないでしょうか。

1.3 スライドするメニュー表示の概要と実装

今回のサンプルでは、まずナビゲーションバーの左上部にあるボタンをタップする、ないしは画面の左端からドラッグした際に、コンテンツの下部に隠れているサイドナビゲーションを表示します。同時に、メインのコンテンツ表示部分をタップできなくして、逆向きにドラッグするか移動したコンテンツ表示部分に触れるとサイドナビゲーションを隠します。この一連の動きをContainerViewを用いて実装しました。

様々なアプリでよく見かける、今や定番となっている動きですが、今回はこの動きをライブラリーに任せてしまうのではなく、GestureRecognizerやTouchEventを用いて実現する事例を解説します。

図1.2: サンプルのデザイン

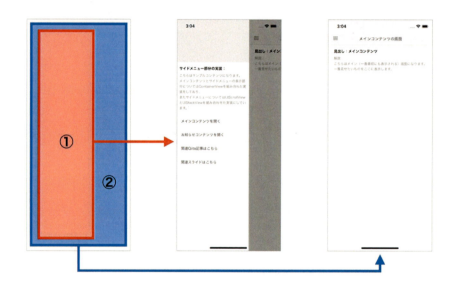

ベースとなる画面に2つのContainerViewがある
① サイドメニューの画面を表示するContainerView
② コンテンツの画面を表示するためのContainerView

今回の実装にあたって、ContainerViewの特性やプロトコルを活用することで、単純に適切なタイミングでのコンテンツ切り替えを動作させるだけでなく、より一層動きに彩りを添えるためにアニメーションも加えました。

この手のGestureRecognizerやTouchEventを伴い、画面の状態が意図通りのタイミングで処理

がなされているかを検証する際は、正常な動作だけではなく、次のような意図しない動作や行動に関する検証も忘れないようにしてください。

・例1. 1本指でドラッグするのが期待される動作だが、2本指での操作でも不具合がないか

・例2. 開く途中の状態で、さらにもう一方の手でドラッグをした際に不具合がないか

実際に触ってのUI検証はなかなか面倒ですが、これを怠ることで意図しない動作をした際にフリーズしたり、最悪の場合クラッシュを引き起こしやすいので注意しましょう。

1.4　StoryBoard構成とコードの解説

ここからは、実際のStoryboardの概略や、動きを実現するための部分について解説します。土台となるViewControllerの上に、コンテンツ表示用ContainerViewとサイドナビゲーション用ContainerViewを用意し、さらにその上に透明ボタンを乗せて、それぞれの動いた位置をもとにして開閉処理を行います。また、サンプル内では画面表示用のダミーのStoryboardをふたつ用意しています。

Storyboardの構成については図1.3のようになります。各ViewControllerについてまとめると、

・**【見えている画面やボタンによる切り替えを行う処理をするもの】**

 —BaseViewController.swift

 —SideNavigationViewController.swift

・**【コンテンツ表示用のダミー】**

 —MainContentsViewController.swift

 —InformationContentsViewController.swift

という形になっています。

第1章　サイドナビゲーション型のUI　13

図 1.3: サンプルの Storyboard 概略図

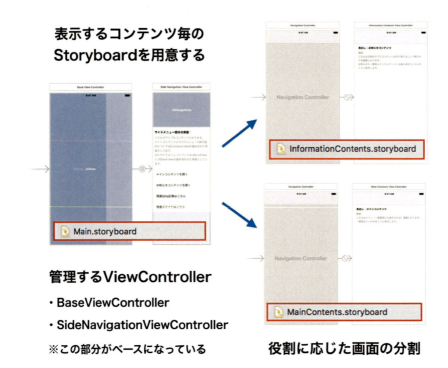

　GUIで実装する場合には、ContainerViewを配置している部分はお互いの関係をわかりやすいように整理しておくことや、Identifierの設定忘れ等には十分に配慮してください。また、切り替える対象のコンテンツも、画面のまとまりを意識して分割する方針をとり、ひとつのStoryboardが密になりすぎないようしましょう。

　このようなContainerViewの組み合わせを活用した事例は、ナビゲーションと画面切り替えの制御だけではなく、ひとつの画面の中に属性や振る舞いが異なる要素を多く配置する必要がある場合にも有効です。

1.4.1　サイドナビゲーション部分の実装

　まずはSideNavigationViewControllerの実装です。

図 1.4: SideNavigationViewController 図解

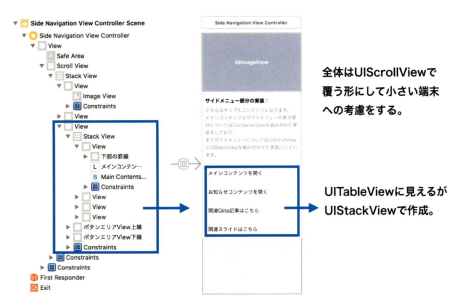

このViewControllerには配置したViewControllerで
処理をするためのの橋渡し用のプロトコルを定義する。

　今回の実装では特に難しいことは行っていません。ただし、ボタン部分のデザインに関しては、項目があらかじめ決まっている形なので、UIStackViewとUIButtonをうまく組み合わせることで実現しています。この部分については、画面の仕様やデザインによってはUITableView等で行ってもよいでしょう。
　また、BaseViewController側で表示する内容を切り替えるための処理の橋渡しを行うプロトコルも定義します。
　これらの点をまとめた上で、SideNavigationViewControllerの実装はリスト1.5のような形になります。

リスト 1.5: SideNavigationViewController の全体図

```
1: // サイドナビゲーションの押されたボタン種別
2: enum SideNavigationButtonType: Int {
3:     case mainContents = 0
4:     case informationContents = 1
5:     case qiitaWebPage = 2
6:     case slideshareWebPage = 3
7: }
8:
```

```swift
 9: protocol SideNavigationButtonDelegate: NSObjectProtocol {
10:     func changeMainContentsContainer(_ buttonType: Int)
11: }
12:
13: class SideNavigationViewController: UIViewController {
14:
15:     // SideNavigationButtonDelegateの宣言
16:     weak var delegate: SideNavigationButtonDelegate?
17:
18:     @IBOutlet weak private var mainContentsButton: UIButton!
19:     @IBOutlet weak private var informationContentsButton: UIButton!
20:     @IBOutlet weak private var qiitaWebPageButton: UIButton!
21:     @IBOutlet weak private var slideshareWebPageButton: UIButton!
22:
23:     override func viewDidLoad() {
24:         super.viewDidLoad()
25:
26:         // それぞれのボタンに関する設定を行う
27:         mainContentsButton.tag
28:             = SideNavigationButtonType.mainContents.rawValue
29:         mainContentsButton.addTarget(
30:             self,
31:             action: #selector(self.sideNavigationButtonTapped(sender:)),
32:             for: .touchUpInside
33:         )
34:
35:         informationContentsButton.tag
36:             = SideNavigationButtonType.informationContents.rawValue
37:         informationContentsButton.addTarget(
38:             self,
39:             action: #selector(self.sideNavigationButtonTapped(sender:)),
40:             for: .touchUpInside
41:         )
42:
43:         qiitaWebPageButton.tag
44:             = SideNavigationButtonType.qiitaWebPage.rawValue
45:         qiitaWebPageButton.addTarget(
46:             self,
47:             action: #selector(self.sideNavigationButtonTapped(sender:)),
48:             for: .touchUpInside
49:         )
```

```
50:
51:        slideshareWebPageButton.tag
52:            = SideNavigationButtonType.slideshareWebPage.rawValue
53:        slideshareWebPageButton.addTarget(
54:            self, action: #selector(self.sideNavigationButtonTapped(sender:)),
55:            for: .touchUpInside
56:        )
57:    }
58:
59:    override func didReceiveMemoryWarning() {
60:        super.didReceiveMemoryWarning()
61:    }
62:
63:    // MARK: - Private Function
64:
65:    // サイドナビゲーションが閉じた状態から左隅のドラッグを行ってコンテンツを開く際の処理
66:    @objc private func sideNavigationButtonTapped(sender: UIButton) {
67:
68:        // ボタン押下時の処理
69:        let selectedButtonType = sender.tag
70:        self.delegate?.changeMainContentsContainer(selectedButtonType)
71:    }
72: }
```

次に、BaseViewControllerの実装です。

図 1.5: BaseViewController 図解

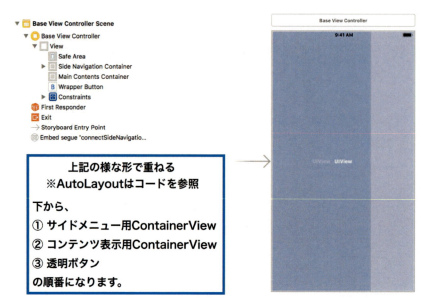

① サイドナビゲーションのボタン押下に応じた処理を実装
② MainContentsContainerの開閉を行う処理を実装

　BaseViewControllerについては、サイドナビゲーションやコンテンツを表示するためのContainerViewと透明ボタンが配置されており、後述するサイドナビゲーションの開閉に関する処理も含まれています。アニメーションによる、それぞれのContainerViewの見た目の変化をさせる処理の影響もありコードが長くなっているため、全体については誌面の都合上割愛します。コード全体はリポジトリーを参照してください。
　SideNavigationViewControllerで定義したプロトコルを経由して行う部分の実装は、リスト1.6のような形になります。

リスト 1.6: ContainerViewにつなげたサイドナビゲーションのViewControllerで実行された処理を橋渡しする部分

```
 1: // MARK: - SideNavigationButtonDelegate
 2:
 3: extension BaseViewController: SideNavigationButtonDelegate {
 4:
 5:     // mainContentsContainerで表示するコンテンツないしはURLで表示するページを決める
 6:     func changeMainContentsContainer(_ buttonType: Int) {
 7:
 8:         // SideNavigationButtonDelegateで渡された値が現在表示されている値かどうかを判定する
 9:         let isCurrentDisplay = (selectedButtonType == buttonType)
```

```swift
10:
11:         // SideNavigationButtonDelegateで渡された値
12:         switch buttonType {
13:
14:         // メインコンテンツの場合
15:         case SideNavigationButtonType.mainContents.rawValue:
16:
17:             // 選択中コンテンツのメンバー変数を更新し、isCurrentDisplay = falseなら画
面表示を変更する
18:             selectedButtonType = buttonType
19:             executeSideCloseAnimation(withCompletion: {
20:                 if !isCurrentDisplay {
21:                     self.displayMainContentsViewController()
22:                 }
23:             })
24:             break
25:
26:         // お知らせコンテンツの場合
27:         case SideNavigationButtonType.informationContents.rawValue:
28:
29:             // 選択中コンテンツのメンバー変数を更新し、isCurrentDisplay = falseなら画
面表示を変更する
30:             selectedButtonType = buttonType
31:             executeSideCloseAnimation(withCompletion: {
32:                 if !isCurrentDisplay {
33:                     self.displayInformationContentsViewController()
34:                 }
35:             })
36:             break
37:
38:         // Qiitaのページの場合
39:         case SideNavigationButtonType.qiitaWebPage.rawValue:
40:
41:             // Qiitaのページを表示する
42:             executeSideCloseAnimation(withCompletion: {
43:                 self.showQiitaWebPage()
44:             })
45:             break
46:
47:         // Slideshareのページの場合
48:         case SideNavigationButtonType.slideshareWebPage.rawValue:
```

```
49:
50:           // Slideshareのページを表示する
51:           executeSideCloseAnimation(withCompletion: {
52:               self.showSlideshareWebPage()
53:           })
54:           break
55:
56:       default:
57:           break
58:       }
59:   }
60: }
```

　空っぽのContainerViewを用意した状態から、その中で任意のViewControllerを表示したい場合は、リスト1.7のような形で実装します。

リスト1.7: 空っぽのContainerViewにViewControllerを表示する

```
 1: // MEMO: displayInformationContentsViewController()に関してもほぼ同様の処理になり
ます。
 2: // → Storyboard名が「InformationContents」となる
 3: private func displayMainContentsViewController() {
 4:    if let vc = UIStoryboard(name: "MainContents", bundle: nil).
 5:        instantiateInitialViewController() {
 6:
 7:        mainContentsContainer.addSubview(vc.view)
 8:        self.addChild(vc)
 9:        vc.didMove(toParent: self)
10:    }
11: }
```

1.4.2　コンテンツの開閉に関する処理

　このようなContainerViewを用いたサイドナビゲーションの開閉処理を実現する際には、まず次のようにケースごとに処理を考えます。

1. **左端部分のドラッグでコンテンツを開く場合**は、コンテンツ表示用のContainerViewに付与したUIScreenEdgePanGestureRecognizerを活用する
2. **開いているコンテンツを閉じる場合**は、BaseViewControllerにおけるself.viewのタッチイベントを活用する

　そしてもうひとつ、今回の開閉処理で重要なポイントとなるのが、それぞれのView要素のisUserIneractionEnabledプロパティーのハンドリングです。任意のViewに対して

isUserIneractionEnabledプロパティーがtrueの場合には、そのViewはタッチイベントを受け取ることができます。一方でisUserIneractionEnabledプロパティーがfalseの場合には、そのViewはタッチイベントの受け取り対象にはならないので、ContainerViewの接続先のViewControllerのイベントも受け取れません。

また、SideNavigationViewController.swiftの部分は、UIScrollViewを一枚挟んでからView要素を配置している部分もポイントです。

図1.6: コンテンツの開閉に関する処理図解

図1.6の図をもとに、開く場合と閉じる場合を考えます。

使用するサンプルは、Storyboard上のおおもとのViewControllerに、下から「サイドナビゲーションのContainerView→メインコンテンツのContainerView→装飾用の透明ボタン」という順番でUIパーツ要素を重ねています。またメインコンテンツのContainerViewと装飾用の透明ボタンは、AutoLayoutで上下左右の制約を0にしているため、左端のドラッグ開始をいかにして受け取るかがこの実装のポイントになります。

まずは、初期状態からコンテンツを開く場合を考えてみましょう。

今回の実装では、UIScreenEdgePanGestureRecognizerをメインコンテンツのContainerViewに適用する形をとりました[1]。そして、UIScreenEdgePanGestureRecognizerが検知されたタイミング

---

1. 参考：http://hajihaji-lemon.com/smartphone/swift/uiscreenedgepangesturerecognizer/

で、コンテンツ表示用ContainerViewのisUserIneractionEnabledプロパティーをfalseとすることで、サイドナビゲーションを開く操作の実行中には実行されないように考慮をしています。

この点を踏まえてサイドナビゲーションを開く場合の処理をまとめると、BaseViewController.swift内で行う処理はリスト1.8のような形になります。

リスト1.8: UIScreenEdgePanGestureRecognizer を利用したサイドナビゲーションを開く処理

```
 1: override func viewDidLoad() {
 2:     super.viewDidLoad()
 3:
 4:     ・・・(省略)・・・
 5:
 6:     // 左隅部分のGestureRecognizerを作成する
 7:     let leftEdgeGesture = UIScreenEdgePanGestureRecognizer(target: self,
 8:         action: #selector(self.edgeTapGesture(sender:)))
 9:     leftEdgeGesture.edges = .left
10:
11:     // 初期状態では左隅部分のGestureRecognizerを有効にしておく
12:     mainContentsContainer.addGestureRecognizer(leftEdgeGesture)
13: }
14:
15: ・・・(省略)・・・
16:
17: // サイドナビゲーションが閉じた状態から左隅のドラッグを行ってコンテンツを開く際の処理
18: @objc private func edgeTapGesture(sender: UIScreenEdgePanGestureRecognizer) {
19:
20:     // サイドナビゲーション及びメインコンテンツのタッチイベントを無効にする
21:     sideNavigationContainer.isUserInteractionEnabled = false
22:     mainContentsContainer.isUserInteractionEnabled = false
23:
24:     // 移動量を取得する
25:     let move: CGPoint = sender.translation(in: mainContentsContainer)
26:
27:     // メインコンテンツと透明ボタンのx座標に移動量を加算する
28:     wrapperButton.frame.origin.x += move.x
29:     mainContentsContainer.frame.origin.x += move.x
30:
31:     // サイドナビゲーションとボタンのアルファ値を変更する
32:     sideNavigationContainer.alpha = mainContentsContainer.frame.origin.x /
260
33:     wrapperButton.alpha = mainContentsContainer.frame.origin.x / 260 * 0.36
34:
```

```
35:        // メインコンテンツのx座標が0〜260の間に収まるように補正
36:        if mainContentsContainer.frame.origin.x > 260 {
37:
38:            mainContentsContainer.frame.origin.x = 260
39:            wrapperButton.frame.origin.x = 260
40:
41:        } else if mainContentsContainer.frame.origin.x < 0 {
42:
43:            mainContentsContainer.frame.origin.x = 0
44:            wrapperButton.frame.origin.x = 0
45:        }
46:
47:        // ドラッグ終了時の処理
48:        // 境界値(x座標: 160)のところで開閉状態を決める
49:        // ボタンエリアが開いた時の位置から変わらない時(x座標: 260)または境界値より前ではコン
テンツを閉じる
50:        if sender.state == UIGestureRecognizer.State..ended {
51:            if mainContentsContainer.frame.origin.x < 160 {
52:                changeContainerSettingWithAnimation(.closed)
53:            } else {
54:                changeContainerSettingWithAnimation(.opened)
55:            }
56:        }
57:
58:        // 移動量をリセットする
59:        sender.setTranslation(CGPoint.zero, in: self.view)
60: }
```

　次に、コンテンツを開いた状態から初期状態へ戻す場合を考えてみましょう。

　この状態では、サイドナビゲーションが表示され、かつメインコンテンツのContainerViewと透明ボタンは共にisUserIneractionEnabledプロパティーにfalseが設定されています。そのため、このふたつのView要素はTouchEventを受け取る事なく通過し、おおもとのView（この場合は配置しているViewControllerのself.view）のTouchEventを受け取ります。

　この処理を実現するポイントは、それぞれのContainerViewを配置しているViewControllerのself.viewのTouchEventを受け取った位置を元に、メインコンテンツのContainerViewと透明ボタンをドラッグで動かすという処理をする点です。

　これを踏まえてサイドナビゲーションを開く場合の処理をまとめると、BaseViewController.swift内で行う処理はリスト1.9のような形になります。

第1章　サイドナビゲーション型のUI　23

リスト 1.9: TouchEvent を利用したサイドナビゲーションを閉じる処理

```swift
 1: // サイドナビゲーションが開いた状態：タッチイベントの開始時の処理
 2: override func touchesBegan(_ touches: Set<UITouch>, with event: UIEvent?) {
 3:     super.touchesBegan(touches, with: event)
 4:
 5:     // サイドナビゲーションが開いた際にタッチイベント開始位置のx座標を取得してメンバー変数
に格納する
 6:     let touchEvent = touches.first!
 7:
 8:     // タッチイベント開始時のself.viewのx座標を取得する
 9:     let beginPosition = touchEvent.previousLocation(in: self.view)
10:     touchBeganPositionX = beginPosition.x
11: }
12:
13: // サイドナビゲーションが開いた状態：タッチイベントの実行中の処理
14: override func touchesMoved(_ touches: Set<UITouch>, with event: UIEvent?) {
15:     super.touchesMoved(touches, with: event)
16:
17:     // タッチイベント開始位置のx座標がサイドナビゲーション幅より大きい場合
18:     // → メインコンテンツと透明ボタンをドラッグで動かすことができるようにする
19:     if sideNavigationStatus == .opened && touchBeganPositionX >= 260 {
20:
21:         let touchEvent = touches.first!
22:
23:         // ドラッグ前の座標
24:         let preDx = touchEvent.previousLocation(in: self.view).x
25:
26:         // ドラッグ後の座標
27:         let newDx = touchEvent.location(in: self.view).x
28:
29:         // ドラッグしたx座標の移動距離
30:         let dx = newDx - preDx
31:
32:         // ドラッグした移動分の値を反映させる
33:         var viewFrame: CGRect = wrapperButton.frame
34:         viewFrame.origin.x += dx
35:         mainContentsContainer.frame = viewFrame
36:         wrapperButton.frame = viewFrame
37:
38:         // メインコンテンツのx座標が0〜260の間に収まるように補正
39:         if mainContentsContainer.frame.origin.x > 260 {
```

```
40:
41:            mainContentsContainer.frame.origin.x = 260
42:            wrapperButton.frame.origin.x = 260
43:
44:        } else if mainContentsContainer.frame.origin.x < 0 {
45:
46:            mainContentsContainer.frame.origin.x = 0
47:            wrapperButton.frame.origin.x = 0
48:        }
49:
50:        // サイドナビゲーションとボタンのアルファ値を変更する
51:        sideNavigationContainer.alpha = mainContentsContainer.frame.origin.x
/ 260
52:        wrapperButton.alpha = mainContentsContainer.frame.origin.x / 260 *
0.36
53:    }
54: }
55:
56: // サイドナビゲーションが開いた状態：タッチイベントの終了時の処理
57: override func touchesEnded(_ touches: Set<UITouch>, with event: UIEvent?) {
58:    super.touchesEnded(touches, with: event)
59:
60:    // タッチイベント終了時はメインコンテンツと透明ボタンの位置で開くか閉じるかを決める
61:    // 境界値 (x座標: 160) のところで開閉状態を決める
62:    // ボタンエリアが開いた時の位置から変わらない時 (x座標: 260) または境界値より前ではコン
テンツを閉じる
63:    if touchBeganPositionX >= 260 &&
64:        (mainContentsContainer.frame.origin.x == 260 ||
65:        mainContentsContainer.frame.origin.x < 160) {
66:        changeContainerSettingWithAnimation(.closed)
67:    } else if touchBeganPositionX >= 260 &&
68:        mainContentsContainer.frame.origin.x >= 160 {
69:        changeContainerSettingWithAnimation(.opened)
70:    }
71: }
```

　BaseViewController.swift の部分で、UIScreenEdgePanGesrureRecognizer や TouchEvent を絡め
た処理部分のコード分量が多くなってしまいました。ドラッグ操作を考慮しないなら、もう少しシ
ンプルなコードにできるでしょう。

1.4.3 子から親のViewControllerを操作する

　ここまでは、ContainerViewを配置した際にできる親子関係を利用した処理の中で、親のViewControllerに関する処理について解説してきました。こんどは逆に、子のViewControllerから親のViewControllerを操作する場合の処理について考えます。

　NavigationBarの左端にメニューを開くためのボタン（いわゆるハンバーガーメニューと呼ばれているUI）を配置して、このボタンをタップするとメニュー画面を表示する形を想定しています。このような場合には、それぞれの子のViewControllerから親のViewControllerの処理を実行する必要が出てくるため、親のViewControllerのインスタンスを取得する必要があります。

　まずは、切り替える際の子のViewControllerをInterface Builderで準備をします。この際のポイントは、切り替える対象となるViewControllerにUINavigationControllerを接続している点です。このViewControllerからUINavigationControllerで繋がった遷移を想定した形をあらかじめ取っておくと、この画面に続く画面遷移がある場合でも柔軟に対処できます。

図1.7: Storyboardでの子のViewControllerの設定

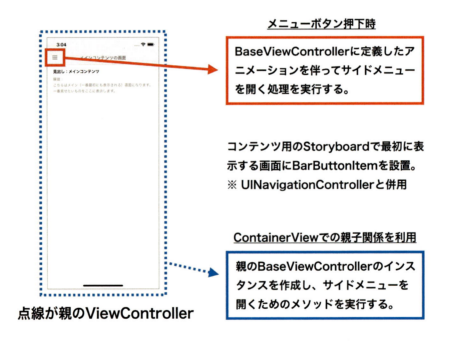

　InterfaceBuilderでの準備ができたら、子のViewControllerを実装します。

　親のViewControllerを辿って親のViewControllerのインスタンスを作成して実行したいインスタンスメソッドを実行する処理を、UIBarButttonItemのアクションに設定すれば、ボタンアクションでサイドナビゲーションを開く動きを実現することができます。

例えば今回のサンプルで、子のViewControllerのひとつであるMainContentsViewController.swift内で行う処理はリスト1.10のような形になります。

リスト1.10: 子のViewControllerから親のViewControllerの処理を実行する

```swift
 1: class MainContentsViewController: UIViewController {
 2:
 3:     // メニュー用ハンバーガーボタン
 4:     private var menuButton: UIBarButtonItem!
 5:
 6:     override func viewDidLoad() {
 7:         super.viewDidLoad()
 8:
 9:         // ナビゲーションバータイトルのデザイン調整を行う
10:         var titleAttributes = [NSAttributedString.Key : Any]()
11:         titleAttributes[NSAttributedString.Key.font] = UIFont(
12:             name: "HiraKakuProN-W3", size: 14.0
13:         )
14:         titleAttributes[NSAttributedString.Key.foregroundColor] =
UIColor.black
15:
16:         self.navigationController!.navigationBar.titleTextAttributes =
titleAttributes
17:         self.navigationItem.title = "メインコンテンツの画面"
18:
19:         // メニューボタンを設置のデザイン調整を行う
20:         var menuAttributes = [NSAttributedString.Key : Any]()
21:         menuAttributes[NSAttributedString.Key.font] = UIFont(
22:             name: "HiraKakuProN-W3", size: 30
23:         )
24:         menuAttributes[NSAttributedString.Key.foregroundColor] = UIColor.gray
25:
26:         menuButton = UIBarButtonItem(
27:             title: "≡",
28:             style: .plain,
29:             target: self,
30:             action: #selector(self.menuButtonTapped(sender:))
31:         )
32:         menuButton.setTitleTextAttributes(menuAttributes, for: .normal)
33:         navigationItem.leftBarButtonItem = menuButton
34:     }
35:
36:     override func didReceiveMemoryWarning() {
```

第1章　サイドナビゲーション型のUI　27

```
37:        super.didReceiveMemoryWarning()
38:    }
39:
40:    // MARK: - Private Function
41:
42:    // サイドナビゲーションが閉じた状態から左隅のドラッグを行ってコンテンツを開く際の処理
43:    @objc private func menuButtonTapped(sender: UIBarButtonItem) {
44:
45:        // BaseViewControllerのメソッドを呼び出して左側コンテンツを開く
46:        // ① (親) ViewController
47:        // ② (子) UINavigationController
48:        // ③ (孫) ContentListViewController
49:        // のようにたどる
50:        if let parentViewController = self.parent?.parent {
51:            let vc = parentViewController as! BaseViewController
52:            vc.openSideNavigation()
53:        }
54:    }
55: }
```

ContainerViewを活用したUIの実装は、ContainerViewを配置した際にできる親子関係をうまく活用して設計と実装を行っていくことがポイントです。

また、ViewControllerをまとまりと持った単位で分割し、必要な場合にContainerViewの親子関係を利用した処理を実装することで、複雑な構成の画面を構築する際はもちろん、複数人で開発する際もUI実装しやすいView構造になります。

1.5 サイドナビゲーション実装における別解

サイドナビゲーション部分の実装については、前述した形の実装方法の他にもSwiftのenumの性質を生かしたリスト1.11のような、より型安全な形での実装も良いでしょう[2]。

リスト1.11: サイドナビゲーション部分の実装をenumを生かした形にした場合の実装例

```
1: // 1. SideNavigationViewController.swiftにおける変更点
2: protocol SideNavigationButtonDelegate: NSObjectProtocol {
3:     func changeMainContentsContainer(_ buttonType: SideNavigationButtonType)
4: }
5:
6: class SideNavigationViewController: UIViewController {
7:
```

---

2. この実装は、技術書典5で初版を購入頂きました方よりPull Requestを頂いたコードです。本当にありがとうございました！この場をお借りしまして御礼を申し上げます。

```
 8:     ・・・(省略)・・・
 9:
10:     // それぞれのボタンに関しては、SideNavigationButtonTypeで定義されたボタン種別をtag
プロパティーに渡している
11:     let selectedButtonType = sender.tag
12:     self.delegate?.changeMainContentsContainer(
13:         SideNavigationButtonType(rawValue: selectedButtonType)!
14:     )
15: }
16:
17:
18: // 2. BaseViewController.swiftにおける変更点
19: class BaseViewController: UIViewController {
20:
21:     ・・・(省略)・・・
22:
23:     // 現在選択されたボタンの種別を持つ（この変数の初期値はSideNavigationButtonType: 0
とする）
24:     private var selectedButtonType: SideNavigationButtonType
25:         = SideNavigationButtonType.mainContents
26:
27:     ・・・(省略)・・・
28: }
29:
30: extension BaseViewController: SideNavigationButtonDelegate {
31:
32:     // mainContentsContainerで表示するコンテンツないしはURLで表示するページを決める
33:     func changeMainContentsContainer(_ buttonType: SideNavigationButtonType)
{
34:
35:         // SideNavigationButtonDelegateで渡された値が現在表示されている値かどうかを判
定する
36:         let isCurrentDisplay = (selectedButtonType == buttonType)
37:
38:         switch buttonType {
39:
40:         // メインコンテンツの場合
41:         case .mainContents:
42:
43:             // 以降省略：（該当の画面が選択されていない場合はメンバー変数:
selectedButtonTypeを更新して該当画面を表示する）
```

第1章　サイドナビゲーション型のUI　29

```
44:
45:         //  お知らせコンテンツの場合
46:         case .informationContents:
47:
48:             // 以降省略：（該当の画面が選択されていない場合はメンバー変数：
selectedButtonTypeを更新して該当画面を表示する）
49:
50:         //  Slideshareのページの場合
51:         case .qiitaWebPage:
52:
53:             // 以降省略：（SlideshareのWebページを表示する）
54:
55:         //  Qiitaのページの場合
56:         case .slideshareWebPage:
57:
58:             // 以降省略：（QiitaのWebページを表示する）
59:     }
60: }
```

サンプル実装をする際に心がけていること

　筆者が業務でデザイナーの方から頂いたデザインからUI実装をする場合や、勉強会で使用するデモ用のサンプルコードを実装する場合は、少なくない分量になるなと感じたら、できるだけ方針やアイデアを雑にノートにまとめるようにしています。

図1.8: ノートの一部

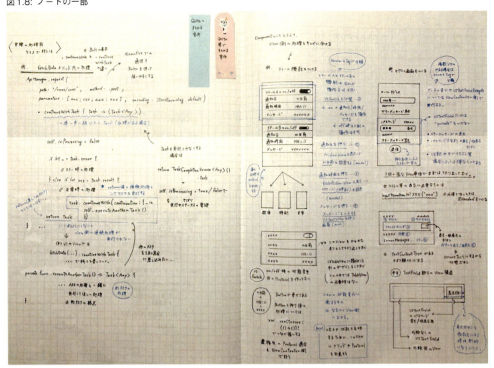

　これは、あくまで筆者が個人的にやっていることですが、アイデアの分散や考えた経緯、どのような原理でUIを実現するかという過程を残しておきたいという意図で今も続けています。
　またアニメーションの実装に関しては、気になったアプリをインストールして実際の操作感やアプリ自体のデザインとの調和具合を調べたり、Pinterestに掲載されているアプリUIのサンプルを観察して、動きの実装のイメージを調べたりもしています。

第2章 写真を拡大する画面遷移UI

||||||||||||||||||||||||||||||||||||||||||||||||||||||||||||||||||||||||||||||||||||||||||||||||||||||||

この章では、CustomTransition（カスタムトランジション）による画面遷移に一工夫を加えて、遷移前後の画面表示と組み合わせた実装例を解説をしていきます。これに加えて、今回はメディアや読み物系のコンテンツを表示するアプリでよく見かけるUI表現を含んだ画面と合わせて、遷移の繋ぎ目部分の表現をできるだけ自然な形にするための考慮を行っています。カスタムトランジションについては、iOSで見られる画面遷移の表現をカスタマイズできるので、UI表現にこだわったアプリを作る際には重宝するテクニックのひとつでしょう。

||||||||||||||||||||||||||||||||||||||||||||||||||||||||||||||||||||||||||||||||||||||||||||||||||||||||

2.1 View実装に関するTips集

本書で紹介しているサンプルの構造は、画面はStoryboardを活用して構築し、部品のView要素はできるだけXibファイルに対応するクラスを作成することで、部品単位での見た目の確認と管理を容易にしています。また必要に応じて、部品に切り出したクラス側に配置した画面のViewController側で、処理の橋渡しを行うためのプロトコルやクロージャーを定義することで、扱いやすくクラスの責務をできるだけ切り分ける形式にしています。

また、UITableViewやUICollectionViewの実装に関しても、より簡素に書ける拡張や、共通化できそうな処理をExtension（拡張）として利用できるようしています。詳しくは、サンプルコードのExtensionフォルダー内のコード参照してください。

これらの実装は、筆者の実務の中で使用されていた手法を自分なりにアレンジを加えたものです。ViewクラスとXibファイルを紐づけて、概要が見える形の部品として切り出す手法に関しては、UIデザイン手法のひとつであるAtomic Designの考え方[1]や部品構造の把握をしやすい構成[2]を参考にしています。

今回のサンプルでは部品の分割粒度が結果的に若干大きめな単位になりましたが、どうすればViewController側で扱いやすい形にできるかという点を心がけると良いでしょう。

（更にGUIの機能を活用していくのであれば、@IBDesignableや@IBInspectableを上手に活用するとより良い形になるかと思います。）

2.1.1 Xibを使用した部品単位のView分割

まずはXibファイルと関連づけるView部品要素クラスを作成するベースとなるクラスをリスト2.1のような形で定義しておきます。

---

1. 参考：https://postd.cc/the-unicorn-workflow-design-to-code-with-atomic-design-principles-and-sketch/

2. 参考：https://techlife.cookpad.com/entry/2015/10/02/180247

リスト2.1: 自作のXibを使用するためのベースになるクラス

```swift
import Foundation
import UIKit


// 自作のXibを使用するための基底となるUIViewを継承したクラス
// 参考：http://skygrid.co.jp/jojakudoctor/swift-custom-class/
class CustomViewBase: UIView {

    // コンテンツ表示用のView
    weak var contentView: UIView!

    // このカスタムViewをコードで使用する際の初期化処理
    required override init(frame: CGRect) {
        super.init(frame: frame)
        initContentView()
    }

    // このカスタムViewをInterfaceBuilderで使用する際の初期化処理
    required init?(coder aDecoder: NSCoder) {
        super.init(coder: aDecoder)
        initContentView()
    }

    // コンテンツ表示用Viewの初期化処理
    private func initContentView() {

        // 追加するcontentViewのクラス名を取得する
        let viewClass: AnyClass = type(of: self)

        // 追加するcontentViewに関する設定をする
        contentView = Bundle(for: viewClass).loadNibNamed(
            String(describing: viewClass), owner: self, options: nil
        )?.first as? UIView
        contentView.autoresizingMask = autoresizingMask
        contentView.frame = bounds
        contentView.translatesAutoresizingMaskIntoConstraints = false
        addSubview(contentView)

        // 追加するcontentViewの制約を設定する ※上下左右へ0の制約を追加する
        let bindings = ["view": contentView as Any]
```

第2章　写真を拡大する画面遷移UI　33

```swift
        let contentViewConstraintH = NSLayoutConstraint.constraints(
            withVisualFormat: "H:|[view]|",
            options: NSLayoutConstraint.FormatOptions(rawValue: 0),
            metrics: nil,
            views: bindings
        )
        let contentViewConstraintV = NSLayoutConstraint.constraints(
            withVisualFormat: "V:|[view]|",
            options: NSLayoutConstraint.FormatOptions(rawValue: 0),
            metrics: nil,
            views: bindings
        )
        addConstraints(contentViewConstraintH)
        addConstraints(contentViewConstraintV)
    }
}
```

　次に、View部品を実際に作成します。前述したクラスを継承したViewクラスと、作成したクラスに対応するXibファイルを準備し、InterfaceBuilder内で作成したクラスとXibファイルを紐づけた後に、表示に必要なパーツを画面上に配置してレイアウトの調整に関する設定を行います。Xibファイル上でのレイアウトや配置に関する作業をする際には、Xcodeの右ペインにある「Simulated MetricsのSizeをFreeform」に設定しておくとより調整しやすいでしょう。

　実際のXcode内では、次の点を考慮して切り出したUI部品の名前を決めます。

・InterfaceBuilderからでもコードからでも取り扱うための考慮をする
・UILabelやUIButton等に関しては、Xib内へOutlet接続して適切なアクセス修飾子をつける
・ViewControllerで呼び出す際に使用するメソッドや、橋渡し用のプロトコルやクロージャーを定義する
・UI部品の見た目に関する色やテキスト等の装飾に関連する初期設定などは、初期化時に適用する

これらを図2.1のように行います。

図2.1: 実装しやすい単位でView部品を作成する際の図解

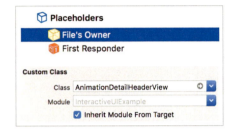

① View部品とSwiftファイルとの1:1対応で分割する
② デザイン等の表示関連の処理はこのクラスに定義する

ここでのポイントは、「**CustomViewBaseクラスを継承したクラスとXibファイルを1セット**」で分割し、複雑な構造になる部分はStoryboardに押し込めすぎないようにする点です。もしOutlet接続したView部品に、API通信やデータベースから取得したデータを反映させたい場合は、作成したView部品に定義したインスタンスメソッドを経由して反映させます。またNSAttributedText等の文言に関する細かな調整についてもクラス内の処理を加えるなど、わかりやすくするための工夫をすると良い実装ができるでしょう。

2.1.2 UIScrollViewとUIStackViewの合わせ技

サイズの小さな端末の場合の見た目を考慮するためにUIScrollViewを配置して、その中に必要なコンテンツに相当する部品を配置する場面があります。シンプルな構成の画面ならあまり問題になりませんが、数が増えたり複雑な画面になると、実装や保守が面倒です。そこで前述した、Viewをある程度の粒度の部品に切り出すことに加えて、UIScrollViewとUIStackViewを組み合わせた実装を行います。

この場合の**UIScrollViewとUIStackViewの配置**の概要は、
1. 配置したUIScrollViewに対して、上下左右：0（優先度：1000）の制約をつける
2. UIScrollViewの中にVerticalのUIStackViewを配置し、上下左右：0（優先度：1000）の制約をつける

3．UIStackViewからUIScrollViewに対して「Ctrl + ドラッグ」するとAutoLayoutの設定に関するポップアップが表示される

4．ポップアップ表示の「Equal Widths」を選択して準備が完了する

という流れです(※UIStackViewの設定については、配置した時のままで特に問題ありません)。

ここまでで下準備はできました。AutoLayoutに関する警告が出ていますが、この警告は配置したUIStackViewの中にUIViewを配置して、高さの制約を付与することによって解消されます。

次に、UIViewをUIStackView内に配置して、InterfaceBuilderの右ペインの「Custom Class」のClassの欄に、前述したView部品のクラス名を入力して適用させます。

※もし表示する内容を、前述のようなView部品に切り出していない場合でもUIViewを配置し、その中にUILabel等を配置する形でも問題ありません（本章のサンプルでは一部View部品に切り出していない部分もありますが、第4章のフォームUIではこの実装方法をとっています）。

View部品に切り出したクラスを適用、またはUIStackViewに配置したUIView内に表示したい部品を配置する際には、InterfaceBuilderで高さの制約を付与する必要があります。図2.2のように、Viewの高さが固定の場合と可変の場合では制約の付け方が異なるのでご注意下さい（この部分に関しては、リポジトリーのサンプルプロジェクトと一緒に確認することで、理解が深まるでしょう）。

図2.2: 小さい端末を考慮したUIScrollViewとUIStackViewの組み合わせ

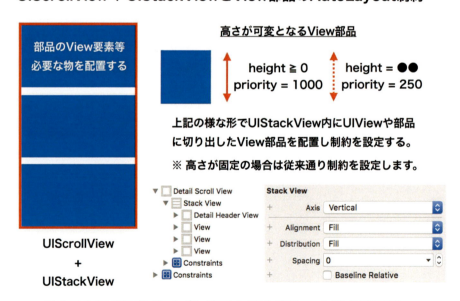

この形にすることで、仕様変更等により部品に切り出したView要素の表示の順番や数が変更され

たり、切り出した View 要素ではなく ContainerView を複数配置することで画面の構成要素を分割する際にも柔軟に対応ができます。また ContainerView を利用する際には、それぞれの画面要素に切り出した ViewController から、配置側の ContainerView への処理を行う場合においても、Notification やプロトコルを活用して処理の橋渡しを行う形にすると良いでしょう。

2.1.3 UICollectionView を扱いやすくする

UICollectionView や UITableView の実装はアプリの UI を構築する上で頻出します。表示に使用するセルの種類が多くなった場合、条件に応じたセルを表示するために同じような処理をすることや、実装時に名前の設定ミスによるクラッシュが発生する場面があります。本書のサンプルは、UITableViewCell 及び UICollectionView に関する Extension を書くことで、使用するセルの登録とインスタンス作成時の処理を簡素化しています。

例として、UICollectionView に関する処理を簡素化するための Extension を挙げます。使用するセルやヘッダー・フッター要素の登録とインスタンス作成時の処理にリスト 2.2 のような形で実装をしておくと良いでしょう。

リスト 2.2: UICollectionView 関連の処理を拡張する

```swift
// 1. NSObjectProtocolExtension.swift

// NSObjectProtocolの拡張
extension NSObjectProtocol {

    // クラス名を返す変数"className"を返す
    static var className: String {
        return String(describing: self)
    }
}


// 2. UICollectionViewExtension.swift

// UICollectionReusableViewの拡張
extension UICollectionReusableView {

    // 独自に定義したセルのクラス名を返す
    static var identifier: String {
        return className
    }
}


// UICollectionViewの拡張
extension UICollectionView {
```

第 2 章　写真を拡大する画面遷移 UI　　37

```swift
// 作成した独自のカスタムセルを初期化するメソッド
func registerCustomCell<T: UICollectionViewCell>
    (_ cellType: T.Type) {
    register(
        UINib(nibName: T.identifier, bundle: nil),
        forCellWithReuseIdentifier: T.identifier
    )
}

// 作成した独自のカスタムヘッダー用のViewを初期化するメソッド
func registerCustomReusableHeaderView<T: UICollectionReusableView>
    (_ viewType: T.Type) {
    register(
        UINib(nibName: T.identifier, bundle: nil),
        forSupplementaryViewOfKind: UICollectionView.elementKindSectionHeader,
        withReuseIdentifier: T.identifier
    )
}

// 作成した独自のカスタムフッター用のViewを初期化するメソッド
func registerCustomReusableFooterView<T: UICollectionReusableView>
    (_ viewType: T.Type) {
    register(
        UINib(nibName: T.identifier, bundle: nil),
        forSupplementaryViewOfKind: UICollectionView.elementKindSectionFooter,
        withReuseIdentifier: T.identifier
    )
}

// 作成した独自のカスタムセルをインスタンス化するメソッド
func dequeueReusableCustomCell<T: UICollectionViewCell>
    (with cellType: T.Type, indexPath: IndexPath) -> T {
    return dequeueReusableCell(
        withReuseIdentifier: T.identifier, for: indexPath
    ) as! T
}

// 作成した独自のカスタムヘッダー用のViewをインスタンス化するメソッド
func dequeueReusableCustomHeaderView<T: UICollectionReusableView>
    (with cellType: T.Type, indexPath: IndexPath) -> T {
```

```
        return dequeueReusableSupplementaryView(
            ofKind: UICollectionView.elementKindSectionHeader,
            withReuseIdentifier: T.identifier,
            for: indexPath
        ) as! T
    }

    // 作成した独自のカスタムフッター用のViewをインスタンス化するメソッド
    func dequeueReusableCustomFooterView<T: UICollectionReusableView>
        (with cellType: T.Type, indexPath: IndexPath) -> T {
        return dequeueReusableSupplementaryView(
            ofKind: UICollectionView.elementKindSectionFooter,
            withReuseIdentifier: T.identifier,
            for: indexPath
        ) as! T
    }
}
```

　毎回行わなければならない処理や、継承先のクラスが同じであるが中身の実装の詳細が異なる場合における処理の共通化をしておくことで、実装時の効率化を図る工夫をUI実装の前にある程度整えておくと良いでしょう。

2.1.4　その他本書で利用しているExtension

　前述のExtensionの他にも、本書のサンプルでは色設定に関するExtensionやUINavigationControllerに関するExtensionをリスト2.3のように実装しています。本書で取り扱うサンプルについても、UINavigationControllerに関するExtensionは基本的な部分は同じ実装ですが、サンプルによって配色やフォント等を微妙に変えています。

リスト2.3: その他このサンプルで利用している拡張

```
// 1. UIColorExtension.swift

// UIColorの拡張
extension UIColor {

    // 16進数のカラーコードをiOSの設定に変換するメソッド
    // 参考：【Swift】Tips: あると便利だったextension達（UIColor編）
    // https://dev.classmethod.jp/smartphone/utilty-extension-uicolor/
    convenience init(code: String, alpha: CGFloat = 1.0) {
        var color: UInt32 = 0
        var r: CGFloat = 0, g: CGFloat = 0, b: CGFloat = 0
```

第2章　写真を拡大する画面遷移UI　39

```swift
        if Scanner(string: code.replacingOccurrences(of: "#", with: ""))
            .scanHexInt32(&color) {
            r = CGFloat((color & 0xFF0000) >> 16) / 255.0
            g = CGFloat((color & 0x00FF00) >>  8) / 255.0
            b = CGFloat( color & 0x0000FF       ) / 255.0
        }
        self.init(red: r, green: g, blue: b, alpha: alpha)
    }
}


// 2. UIViewControllerExtension.swift

// UIViewController の拡張
extension UIViewController {

    // この画面のナビゲーションバーを設定するメソッド
    public func setupNavigationBarTitle(_ title: String) {

        // NavigationController のデザイン調整を行う
        var attributes = [NSAttributedString.Key : Any]()
        attributes[NSAttributedString.Key.font] = UIFont(
            name: "HiraKakuProN-W6",
            size: 14.0
        )
        attributes[NSAttributedString.Key.foregroundColor] = UIColor.white

        self.navigationController!.navigationBar.tintColor = UIColor(code:
"#333333")
        self.navigationController!.navigationBar.titleTextAttributes = attributes

        // タイトルを入れる
        self.navigationItem.title = title
    }

    // 戻るボタンの「戻る」テキストを削除した状態にするメソッド
    public func removeBackButtonText() {
        let backButtonItem = UIBarButtonItem(
            title: "",
            style: .plain,
            target: nil,
            action: nil
```

```
        )
        self.navigationController!.navigationBar.tintColor = UIColor.white
        self.navigationItem.backBarButtonItem = backButtonItem
    }
}
```

【以降のView実装における解説について】

次章以降では、作成までの基本部分に関しては解説を割愛しています。このように、配置したいViewControllerへ部品に切り出したViewを配置して、画面を構築する手法を利用しする流れは同様です。

2.2　使用したライブラリーのご紹介

この章で紹介しているサンプルの中では、メイン部分のアニメーションや演出を伴う部分のUI実装については、サードパーティー製のUIライブラリーを使わない実装にしています。ただし、自前で実装するとどうしても時間が掛かってしまうような部分については、サードパーティー製のUIライブラリーを部分的に活用してUIを実装しています。ここでは、このサンプルを作成する際に用いたライブラリーについて簡単に紹介します。

2.2.1　ActiveLabel.swiftの紹介

Webサイトでよく見かける、文章の中にあるテキストリンクのような形の実装は一見すると簡単そうに見えますが、iOSアプリで同様の動きを実装する際はUILabelのままでは実装をするために工夫が必要な実装のひとつです（具体的な実装方法としては、UITextViewを用いて該当の部分についてはHTMLで表示する方法があります）。

このようなUIをシンプルに実装することが可能なライブラリーとして「ActiveLabel」があります。今回のサンプルでは、カスタムトランジションを伴う画面遷移後の詳細ページの参考リンク部分の表示で利用しています。

- **【ActiveLabel.swift ★2549】**
    ―https://github.com/optonaut/ActiveLabel.swift

ActiveLabel.swiftのメリットは、表示したい文章の中にURLやTwitterのメンション、ハッシュタグの記法に相当するものが存在する場合、該当部分にリンクのような装飾を施した上で実装ができる点です。例を挙げると、ハッシュタグを並べて表示するレイアウトをする場合、それぞれのハッシュタグはスペースを空けて文字を区切った上で表示して、それぞれにリンクを付与する形になり、自前で実装するとなかなか大変です。今回のサンプルでは、図2.3の形でUILabel配置を配置した後に、適用するクラスにActiveLabelを設定して、InterfaceBuilderでOutlet接続します。

第2章　写真を拡大する画面遷移UI　41

図2.3: ActiveLabel を用いたテキストリンクのような UI

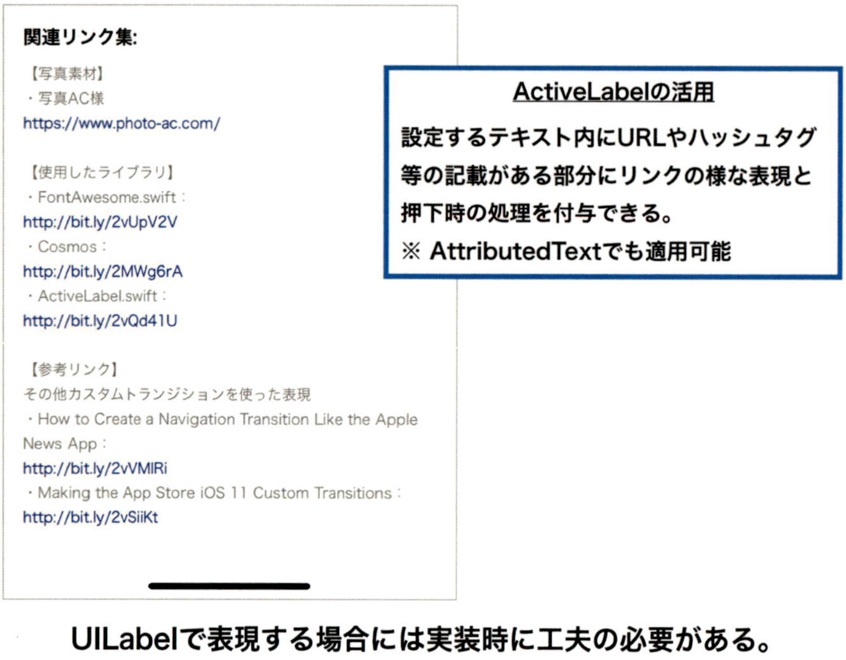

関連リンク集:

【写真素材】
・写真AC様
https://www.photo-ac.com/

【使用したライブラリ】
・FontAwesome.swift：
http://bit.ly/2vUpV2V
・Cosmos：
http://bit.ly/2MWg6rA
・ActiveLabel.swift：
http://bit.ly/2vQd41U

【参考リンク】
その他カスタムトランジションを使った表現
・How to Create a Navigation Transition Like the Apple
News App：
http://bit.ly/2vVMIRi
・Making the App Store iOS 11 Custom Transitions：
http://bit.ly/2vSiiKt

ActiveLabelの活用

設定するテキスト内にURLやハッシュタグ等の記載がある部分にリンクの様な表現と押下時の処理を付与できる。

※ AttributedTextでも適用可能

UILabelで表現する場合には実装時に工夫の必要がある。

　URLのリンクを表示する場合の具体的なコードについては、リスト2.4の実装になります。リンクをつける形式を指定する際には、enabledTypes プロパティーで表示したい形式のenum値を配列で指定します。また、リンク部分の押下時についても、handleURLTap のクロージャー内に該当部分をクリックした場合には該当のURLをSFSafariViewControllerで開くようにしています。

リスト2.4: ActiveLabel を利用した実装

```
// InterfaceBuilder でOutlet接続する
@IBOutlet weak private var addtionalLinkLabel: ActiveLabel!


// ActiveLabelのクラスのUI部品に関する具体的な処理
addtionalLinkLabel.enabledTypes  = [.url]
addtionalLinkLabel.attributedText = NSAttributedString(
    string: withUrlString,
    attributes: attributes
)
addtionalLinkLabel.handleURLTap { url in
    UIApplication.shared.open(url, options: [:])
}
```

このように、面倒なリンク付きテキストの表示をシンプルで扱いやすくできることに加えて、属性付きのテキストやInterfaceBuilder側にも対応している点がとても便利です。

2.2.2　Cosmosの紹介

次に、AppStoreのでのユーザーのアプリ評価を表示する星型レーティング表示をする実装を考えてみます。整数値を表示する場合は、シンプルに星の画像を並べて表示することですぐに対処ができますが、3.7や3.2等の小数値で半分でもない中途半端な状態を表現したい時にはかなり実装しにくくなります（数値を指でなぞって入力するようなUI表現となると更に実装の難易度は上がります）。

このようなUIをシンプルに実装することが可能なライブラリーとして「Cosmos」があります。今回のサンプルでは、カスタムトランジションを伴う画面遷移後の詳細ページの評価部分の表示で利用しています。

- **【Cosmos ★1132】**
  — https://github.com/evgenyneu/Cosmos

Cosmosのメリットは、星型レーティング表示のようなUI表現をする上での様々な利用ケースが想定された状態で提供されている点です。前述したActiveLabel.swift同様、InterfaceBuilderからの項目設定はもちろん、デフォルトは星表記になっていますが、この部分の表示を画像を指定して星以外の形のものに変更することもできます。また、ユーザーの入力を可否を判定するupdateOnTouchプロパティーを設定することで、ユーザーによる更新を受け付ける形にすることもできます。

今回のサンプルでは図2.4のような形で、UView配置を配置した後に適用するクラスにCosmosを設定して、InterfaceBuilderでOutlet接続します。

図2.4: Cosmos を用いた星型のレーティング表示UI

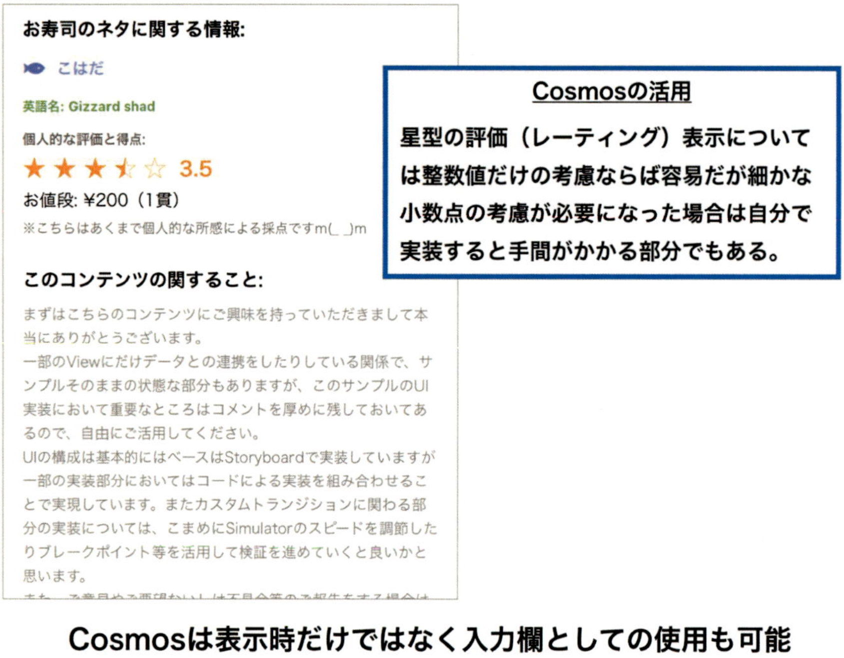

お寿司のネタに関する情報:

🐟 こはだ

英語名: Gizzard shad

個人的な評価と得点:

★ ★ ★ ⯪ ☆ **3.5**

お値段: ¥200（1貫）

※こちらはあくまで個人的な所感による採点ですm(_ _)m

このコンテンツの関すること:

まずはこちらのコンテンツにご興味を持っていただきまして本
当にありがとうございます。
一部のViewにだけデータとの連携をしたりしている関係で、サ
ンプルそのままの状態部分もありますが、このサンプルのUI
実装において重要なところはコメントを厚めに残しておいてあ
るので、自由にご活用ください。
UIの構成は基本的にはベースはStoryboardで実装していますが
一部の実装部分においてはコードによる実装を組み合わせるこ
とで実現しています。またカスタムトランジションに関わる部
分の実装については、こまめにSimulatorのスピードを調節した
りブレークポイント等を活用して検証を進めていくと良いかと
思います。

Cosmosの活用

星型の評価（レーティング）表示について
は整数値だけの考慮ならば容易だが細かな
小数点の考慮が必要になった場合は自分で
実装すると手間がかかる部分でもある。

Cosmosは表示時だけではなく入力欄としての使用も可能

　星型レーティングを表示する場合の例はリスト2.5のような実装です。該当の星型レーティングの
値表示のタイプをfillMode プロパティーへ、表示モード定義のenum値を設定します（今回は3.7の
ような場合でも割合の分だけ色をつける）。そして表示したい値をrating（Float型）で設定すれば
準備は完了です。また、今回はユーザーによる更新を受け付けていないのでupdateOnTouch プロパ
ティーはfalseとしています。

リスト2.5: Cosmos を利用した実装

```
// InterfaceBuilder でOutlet接続する
@IBOutlet weak private var ratingStarView: CosmosView!

// Cosmos による星のレーティング表示
ratingStarView.settings.updateOnTouch = false
ratingStarView.settings.fillMode = .precise
ratingStarView.rating = Double(targetFood.rate)
```

　このように、UI表現として視覚的にも綺麗で、想定しうるケースが考慮されている点はとても評
価が高いライブラリーと感じます。また、UI表現としての利用だけでなく、ユーザーの入力項目と
いう用途でも活用できる点は本当にありがたみを感じる素敵なライブラリーです。

44　　第2章　写真を拡大する画面遷移UI

2.2.3　Fontawesome.swiftの紹介

　この項の最後に、UI表示でよく利用するアイコンに関するライブラリーを紹介します。Webサイトを作成する際に、アイコン表示を文字と同様な扱いでかつ拡大縮小や色の変更もしやすい形で提供する「FontAwesome」とライブラリーがあります。また、Swiftでも似たような機能を提供するライブラリーとして「Fontawesome.swift」があります。今回のサンプルでは、見出しの左側等に配置したアイコン表示などで利用しています。

- 【FontAwesome.swift ★1030】

    ― https://github.com/thii/FontAwesome.swift

　図2.5のFontAwesomeのリファレンスで「Pro」という表記がないものはほぼ利用可能です。リファレンスで上向きの矢印は「arrow-up」と表示されていますが、FontAwesome.swiftでは「.arrowUp」のような形のenum値（リファレンス内でのスネークケースがenum値のキャメルケースになる）になる点にご注意ください。

図2.5: Fontawesomeのリファレンス

基本的に頻出のアイコンセットが用意されているので便利

　魚型のアイコンを表示する場合の具体的なコードはリスト2.6のような実装になります。任意のUIImageViewを画面内に配置した後に、imageプロパティーにfontAwesomeIconメソッドでアイコンデザイン、スタイル、配色、表示サイズを設定します。

リスト2.6: その他このサンプルで利用している拡張

```
// InterfaceBuilder で Outlet 接続する
@IBOutlet weak private var iconImageView: UIImageView!

// FontAwesome.swift によるアイコンの表示
iconImageView.image = UIImage.fontAwesomeIcon(
    name: .fish,
    style: .solid,
    textColor: UIColor(code: "#7182ff"),
    size: CGSize(width: 20, height: 20)
)
```

UIライブラリーの活用に関する判断は、それぞれのプロジェクトの人数構成や作成するアプリの機能やUI表現によって変化する部分です。Github等で公開されているUIライブラリーの内部実装や、他のアプリ開発におけるプロジェクトの事例等を参考にした上で決めることで、より良い選択ができるでしょう。

また筆者が以前にQiitaにて投稿した記事「UIを作る際にライブラリーにする？それともDIYする？の切り分けと実装のアイデア帳 (@Swift Tweets 2018 Spring)」等も判断の際の参考材料の一例です。

・UIを作る際にライブラリーにする？それともDIYする？の切り分けと実装のアイデア帳
　　―https://qiita.com/fumiyasac@github/items/144aec1e1726500d9d5a

2.3　カスタムトランジションの基本実装

ここからは、本サンプルのメイン機能にあるカスタムトランジションに関する概要を解説します。次の点に焦点を当てて進めます。

・カスタムトランジションを取り扱う場合に最低限押さえておきたいプロトコル
・処理についての基本となる部分
・ViewControllerへの適用方法
・Modalの遷移
・UINavigationControllerの遷移アニメーションを用途や表現に合わせてカスタマイズする

2.3.1　まずは押さえておきたい基本のポイント

カスタムトランジションを実装していく上でまず大切なポイントは、処理の際に利用するプロトコルです。カスタムトランジションを実装する場合は、遷移時のアニメーションを定義したNSObjectを継承したクラスを作成するところから始まります。その際に重要となるプロトコルは次の3つになります。

・カスタムトランジションにおいて重要なプロトコル

１. UIViewControllerAnimatedTransitioning（画面遷移時のアニメーションを定義するためのプロ

46　　第2章　写真を拡大する画面遷移UI

トコル）

2. UIViewControllerContextTransitioning（画面遷移コンテキスト ※画面遷移時アニメーションをカスタマイズする際に必要な情報を伝える）

3. UIViewControllerTransitioningDelegate（画面遷移時の進む場合と戻る場合の処理を実装するためのプロトコル）

これを踏まえて、カスタムトランジションを用いて、自作の画面遷移に関するクラスを作成します。クラス内には、進むまたは戻る画面遷移かを判定する変数や、UIViewControllerContextTransitioningから取得したアニメーション対象となるContainerViewの画面遷移時のframe値を格納するための変数、画面遷移時の秒数等のカスタムトランジションの処理をする際に必要な値を定義しておきます。

また、UIViewControllerAnimatedTransitioningのプロトコルの実装として、次のふたつを実装する必要があります。

・画面遷移時のアニメーションの時間

・画面遷移時のアニメーション実装処理

ここまでの説明を踏まえた具体的なコードはリスト2.7の実装になります。

リスト2.7: カスタムトランジションを実装するための基本クラス

```
import Foundation
import UIKit

class SampleTransition: NSObject {

    // トランジションの秒数
    private let duration: TimeInterval = 0.28

    // トランジションの方向(present: true, dismiss: false)
    var presenting: Bool = true

    // アニメーション対象なるViewControllerの位置やサイズ情報を格納するメンバー変数
    var originFrame: CGRect = CGRect.zero

    ・・・(必要があれば変数を追加する)・・・
}

// MARK: - UIViewControllerAnimatedTransitioning

extension SampleTransition: UIViewControllerAnimatedTransitioning {

    // アニメーションの時間を定義する
    func transitionDuration(using transitionContext:
        UIViewControllerContextTransitioning?) -> TimeInterval {
```

第2章 写真を拡大する画面遷移UI　47

```
        return duration
    }


    // アニメーションの実装を定義する
    // 画面遷移コンテキスト(UIViewControllerContextTransitioning)を利用する
    // → 遷移元や遷移先のViewControllerやそのほか関連する情報が格納されているもの
    func animateTransition(using transitionContext:
        UIViewControllerContextTransitioning) {

        // コンテキストを元にViewのインスタンスを取得する（存在しない場合は処理を終了）
        guard let fromView = transitionContext.view(
            forKey: UITransitionContextViewKey.from
        ) else {
            return
        }
        guard let toView = transitionContext.view(
            forKey: UITransitionContextViewKey.to
        ) else {
            return
        }


        // アニメーションの実体となるContainerViewを作成する
        let container = transitionContext.containerView

        ・・・(画面遷移前後のViewController情報からアニメーションの実体となるContainerView
を設定)・・・

        UIView.animate(
            withDuration: duration,
            delay: 0.00,
            options: [.curveEaseInOut],
            animations: {
            ・・・(画面遷移アニメーション実行時の処理)・・・
            }, completion: { _ in
            ・・・(画面遷移アニメーション完了時の処理)・・・
        })
    }
}
```

　このコードから、引数のtransitionContextから画面遷移に関する情報を取得し、画面遷移前後の情報をアニメーションの実体を表示するContainerViewの中に追加して、画面遷移が切り替わる動き

48　第2章　写真を拡大する画面遷移UI

を実現しています。この時、画面遷移前後のViewControllerの画面以外の要素を別途表示する際は、transitionContextやこのクラス内のプロパティーを橋渡しして frame 値や UIImageView の image プロパティーの値等の追加要素の情報を別途取得する必要があります。

これらの処理を図で示すと図2.6のようになります。

図2.6: カスタムトランジションの基本処理処理の図解

進む、または戻る画面遷移に応じてこのクラスを適用する際に、方向を決める変数のBool値を切り替えることで、それぞれの状態のアニメーションを切り替える点がこのクラスを活用する上でのポイントになります。

この画面遷移にカスタマイズを加えることで、例えばUITableViewやCollectionViewのサムネイル画像表示から、画面遷移時に写真がズームインしながら画面が切り替わるような処理[3]を作成することができます。

2.3.2　Present/Dismissの遷移をカスタマイズする

次に、カスタムトランジションをそれぞれの遷移の種類に応じて適用する方法を見ていきましょう。まずはModal（Present Modally）表示による画面遷移へ適用する場合です。

この場合についてはシンプルにリスト2.8のように実装します。

---

3. 参考：https://dev.classmethod.jp/smartphone/ios-custom-transition-zoom/

リスト2.8: カスタムトランジションを適用する

```swift
// MARK: - UIViewControllerTransitioningDelegate

// 前提:
// 1. 適用するクラス内で "let sampleTransition = SampleTransition()" とする
// 2. 遷移先のViewController作成時に "targetVC.transitioningDelegate = self"とする

extension ViewController: UIViewControllerTransitioningDelegate {

    // 進む場合のアニメーションの設定を行う
    func animationController(
        forPresented presented: UIViewController,
        presenting: UIViewController,
        source: UIViewController) -> UIViewControllerAnimatedTransitioning? {

        // 現在の画面サイズを引き渡して画面が縮むトランジションにする
        sampleTransition.originalFrame = self.view.frame
        sampleTransition.presenting = true
        return sampleTransition
    }

    // 戻る場合のアニメーションの設定を行う
    func animationController(
        forDismissed dismissed: UIViewController
    ) -> UIViewControllerAnimatedTransitioning? {

        // 縮んだ状態から画面が戻るトランジションにする
        sampleTransition.presenting = false
        return sampleTransition
    }
}
```

処理のポイントはtransitioningDelegateを適用すること、UIViewControllerTransitioningDelegateプロトコルで画面遷移の進む場合と戻る場合における実装をする、という2点です。入力時の画面遷移においても、ユーザーの目を引く素敵な効果を演出することが期待できる点も、カスタムトランジションの魅力のひとつではないかと思います。

2.3.3 Push／Popの遷移をカスタマイズする

さらに、カスタムトランジションをUINavigationControllerの画面遷移と合わせて適用する方法を見ていきましょう。Modalでの画面遷移と異なるポイントは、カスタムトランジションを適用す

る際にUINavigationDelegateの処理を組み合わせて行う[4]点です。Modalの画面遷移に適用するカスタムトランジションと比べて、考慮に入れなければならない点が少し増えることになります。

　また、UINavigationControllerを利用した遷移の際にスワイプで戻る画面遷移を行う場合は、左端からのスワイプの開始から「遷移がどれぐらい完了しているか」という進み具合に伴って変化する画面遷移（インタラクティブトランジション[5]）が発生します。

　このようにUINavigationControllerと組み合わせたカスタムトランジションの場合には、UIPercentDrivenInteractiveTransitionを継承したインタラクティブトランジション用のクラスを作成し、UIScreenEdgePangestureRecognizerの処理と組み合わせることで、左端からのスワイプ時の動作を考慮することになります。つまり、画面遷移アニメーションをカスタマイズするためのクラスに加えて、遷移元の画面へ戻る左端のスワイプを考慮する場合は、インタラクティブトランジションをするためのクラスも必要になります。

　サンプルでの利用例は割愛しますが（是非コード内の処理をクラスと組み合わせ方を参照してみて下さい）、この場合はリスト2.9の形で実装します。

リスト2.9: カスタムトランジションを適用する

```
// MARK: - UINavigationControllerDelegate

// 前提:
// 1. カスタムトランジション用クラスをSampleTransitionと仮定する
// 2. インタラクティブトランジション用クラスをSampleInteractorと仮定する
//
// 準備:
// 1. 適用するクラス内で "let sampleTransition = SampleTransition()" とする
// 2. 適用するクラス内で "let sampleInteractor = SampleInteractor()" とする

extension MainViewController: UINavigationControllerDelegate {

    // UINavigationControllerの切り替え時に独自のインタラクティブトランジションを適用する
    func navigationController(_ navigationController: UINavigationController,
        interactionControllerFor
        animationController: UIViewControllerAnimatedTransitioning
    ) -> UIViewControllerInteractiveTransitioning? {

        // スワイプ量に応じて遷移先の表示のままにするか、遷移元に戻るかを決定する
        guard let targetInteractor = sampleInteractor else { return nil }
        return targetInteractor.transitionInProgress ? sampleInteractor : nil
    }
```

4. 参考：http://komaji504.hateblo.jp/entry/2017/07/10/011413

5. 参考：https://tech.pepabo.com/2018/04/20/minne-ios-pull-to-close/

第2章　写真を拡大する画面遷移UI　51

```swift
    // UINavigationControllerのPush/Popの画面遷移に独自のカスタムトランジションを適用する
    func navigationController(_ navigationController: UINavigationController,
        animationControllerFor operation: UINavigationController.Operation,
        from fromVC: UIViewController,
        to toVC: UIViewController) -> UIViewControllerAnimatedTransitioning? {

        // ・・・（必要に応じて遷移元のFrame値や画像の情報等を取得しカスタムトランジション用クラ
スへ渡す）・・・

        switch operation {
        case .push:

            // インタラクティブトランジションの準備をする
            self.detailInteractor = DetailInteractor(attachTo: toVC)

            // Pushによる画面遷移時にカスタムトランジションを適用する
            detailTransition.presenting = true
            return detailTransition

        default:

            // Popによる画面遷移時にカスタムトランジションを適用する
            detailTransition.presenting = false
            return detailTransition
        }
    }
}
```

　UINavigationControllerと組み合わせたカスタムトランジションとインタラクティブトランジション
を組み合わせた表現を行う場合については、処理のタイミングでどのような動作を行うかが重要
なポイントになります。カスタムトランジションの動きが意図した表現となっているかを検証する
際には、実機による検証と共にシミュレータを起動して、アニメーションをスローモーションにす
る設定（Command＋T）をこまめに行って確認してください。
　また、本サンプルにおけるカスタムトランジションやインタラクティブトランジションの適用にお
ける関係と、それぞれのViewControllerとの関係について図で示すと図2.7のような形になります。

図2.7: 本サンプルにおけるカスタムトランジションと画面遷移の関係図解

カスタムトランジションを上手に活用することによって、アプリ内に掲載されている写真を生かした表現を演出することができます。この表現はECやメディア等の読み物コンテンツと相性が良いので、このようなアプリを開発している場合は訴求したいポイント等で適用してみてください。

ただし、UINavigetionControllerのカスタマイズを伴うカスタムトランジションを適用する場合や、カスタムトランジションを適用した遷移先から更にUINavigationControllerの遷移を行う場合は、前後のNavigationBarの表示等がおかしくならない様に考慮をした実装をする必要がある点には注意する必要があります。

※本サンプル内にもその場合の注意事項を追記しました。

2.4　画面遷移前の一覧画面の実装

本サンプルにおけるカスタムトランジションの適用部分における解説を行ってきました。ここからは画面の実装における処理です。遷移元となる画面は、UICollectionViewを用いて実装しています。UICollectionViewの大まかな実装については割愛しますが、ここではUICollectionViewの実装におけるヘッダー部分の実装と、セルに配置した画像情報と表示している画面から見た位置を取得する部分について解説します。

2.4.1　ヘッダー部分の実装における注意点

　UICollectionViewのヘッダーやフッターで独自のデザインを適用した実装する場合、まず UICollectionReusableViewを継承したクラスをInterfaceBuilderから追加する必要があります。これはUICollectionViewCellのSwiftファイルと対応するXibファイルを作成する際と同様の手順となります。

　次に、配置したUICollectionViewに前述したクラスを登録した後の具体的な実装です。ヘッダーやフッターについては、UICollectionViewCellのサイズや余白を設定する UICollectionViewDelegateFlowLayoutで定義します。具体的なコードはリスト2.10のような実装になります。

リスト2.10: UICollectionViewのヘッダーの実装例

```
// MARK: - UICollectionViewDelegateFlowLayout

extension MainViewController: UICollectionViewDelegateFlowLayout {

    // 配置するUICollectionReusableViewのサイズを設定する
    func collectionView(_ collectionView: UICollectionView,
        layout collectionViewLayout: UICollectionViewLayout,
        referenceSizeForHeaderInSection section: Int) -> CGSize {

        if section == 0 {
            return MainCollectionReusableHeaderView.viewSize
        } else {
            return CGSize.zero
        }
    }

    // 配置するUICollectionReusableViewの設定する
    func collectionView(_ collectionView: UICollectionView,
        viewForSupplementaryElementOfKind kind: String,
        at indexPath: IndexPath) -> UICollectionReusableView {

        let shouldDisplayHeader = (
            indexPath.section == 0 &&
            kind == UICollectionView.elementKindSectionHeader
        )
        if shouldDisplayHeader {
            let header = collectionView.dequeueReusableCustomHeaderView(
                with: MainCollectionReusableHeaderView.self, indexPath: indexPath
            )
```

54　第2章　写真を拡大する画面遷移UI

```
            header.newsButtonTappedHandler = {

                // ニュース画面へカスタムトランジションのプロトコルを適用させて遷移する
                let storyboard = UIStoryboard(name: "News", bundle: nil)
                let newsViewController = storyboard.instantiateViewController(
                    withIdentifier: "NewsViewController"
                ) as! NewsViewController

                let navigationController = UINavigationController(
                    rootViewController: newsViewController
                )
                navigationController.transitioningDelegate = self
                self.present(navigationController, animated: true, completion:
nil)
            }
            return header
        } else {
            return UICollectionReusableView()
        }
    }

    ・・・(この他にはセルのサイズや余白に関する設定をする)・・・
}
```

　UITableViewのヘッダーやフッターを実装する際とは、実装するプロトコルはもちろん、継承するクラスが異なる点に注意が必要です。この部分に関して、UICollectionViewのヘッダーになるViewは、遷移先の画面へModalのカスタムトランジションを伴って画面遷移をする処理を仕込んだボタンを配置しています。

2.4.2　セルに配置した画像情報を取得する

　ここからがカスタムトランジションを伴う処理に関する実装において重要な部分となります。配置されたUICollectionViewCellを押下した際に、カスタムトランジションを伴ってUINavigationControllerでの画面遷移を行う場合を考えます。セルに配置してた画像が拡大されて、遷移先の初期配置位置にぴったりと納まるアニメーションを実現するためには次のふたつの情報が必要です。

1. セルに表示されている画像情報（imageプロパティーの値）
2. セルに配置されたUIImageViewのframe値をself.viewの座標系に変換したもの（convertメソッドを算出した値）

　今回はこれらの情報を取得するために、この部分だけはprivateなプロパティーにしていないことがポイントです（もっと厳密にするならば、これらの情報を取得するためのメソッドを作成すると

より良いかもしれません)。カスタムトランジションを実現するために必要な情報を、表示されているセル押下時に前述の情報を取得するような形にします。

そして、UINavigationControllerの画面遷移時に、適用するカスタムトランジションのクラス内に定義したプロパティーにその値を反映させることで実現します。具体的なコードはリスト2.11の実装になります。

リスト2.11: UICollectionViewCell から画像情報を取得する

```swift
// MARK: - UICollectionViewDelegate, UICollectionViewDataSource

// 前提:
// 1. selectedImage: セルに表示されている画像情報
// 2. selectedFrame: セルに配置された画像のframe値をself.viewの座標系に変換したもの
//
// 準備:
// 適用するカスタムトランジションのクラスはあらかじめ次のようにしておく
// "private let detailTransition = DetailTransition()"

extension MainViewController: UICollectionViewDelegate, UICollectionViewDataSource
{

    func collectionView(_ collectionView: UICollectionView,
        didSelectItemAt indexPath: IndexPath) {
        let cell = collectionView.cellForItem(at: indexPath) as!
MainCollectionViewCell

        // タップしたセルよりセル内の画像と表示位置を取得する
        selectedImage = cell.foodImageView.image
        selectedFrame = view.convert(
            cell.foodImageView.frame,
            from: cell.foodImageView.superview
        )

        // Storyboard名より遷移先のViewControllerのインスタンスを取得
        let storyboard = UIStoryboard(name: "Detail", bundle: nil)
        let controller = storyboard.instantiateInitialViewController()
            as! DetailViewController

        // 前記で作成したインスタンスにデータを引き渡す
        let food = foodList[indexPath.row]
        controller.setTargetFood(food)
```

56 　第2章　写真を拡大する画面遷移UI

```swift
        // 画面遷移を実行する際にUINavigationControllerDelegateの処理が実行される
        self.navigationController?.pushViewController(controller, animated: true)
    }

    ・・・(その他UICollectionViewDataSource/UICollectionDelegateの処理)・・・
}

// MARK: - UINavigationControllerDelegate

extension MainViewController: UINavigationControllerDelegate {

    ・・・(その他UINavigationControllerDelegateの処理)・・・

    func navigationController(_ navigationController: UINavigationController,
        animationControllerFor operation: UINavigationController.Operation,
        from fromVC: UIViewController,
        to toVC: UIViewController) -> UIViewControllerAnimatedTransitioning? {

        // カスタムトランジションのクラスに定義したプロパティーへFrame情報とUIImage情報を渡す
        guard let frame = selectedFrame else { return nil }
        guard let image = selectedImage else { return nil }

        detailTransition.originFrame = frame
        detailTransition.originImage = image

        switch operation {
        case .push:
            self.detailInteractor = DetailInteractor(attachTo: toVC)
            detailTransition.presenting  = true
            return detailTransition
        default:
            detailTransition.presenting  = false
            return detailTransition
        }
    }
}
```

　また、カスタムトランジションに関するクラス側に取得したこれらの情報を元に、アニメーションの実体となるContainerViewの中に、遷移元と遷移先のViewControllerの画面に加えます。これにより遷移時に選択された写真が動く様な動きをするためのUIImageViewを追加する処理を加えています。遷移先に配置したUIImageViewにtagプロパティーを設定し、その情報をこのクラスで

第2章　写真を拡大する画面遷移UI　57

tagプロパティーの値から取得して、画面遷移の進む・戻るに応じた処理をしています（これは実際のコード、本サンプルではDetailTransition.swiftを参照してください）。

本サンプルの画面遷移処理における遷移先と遷移元の情報とカスタムトランジションのクラスにおける関係を図にすると、図2.8の形になります。

図2.8: セル押下時のカスタムトランジションを伴う処理図解

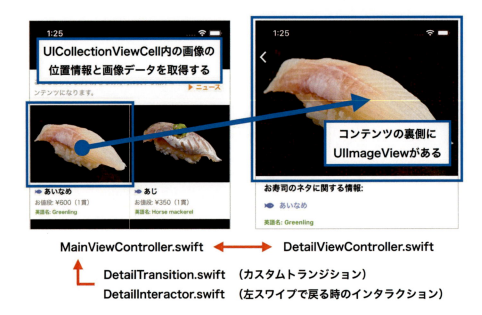

カスタムトランジションにおける画面遷移の表現で重要なポイントは、画面遷移処理の際に、遷移前または遷移後の画面に関する情報を、カスタムトランジションをするためのクラス内で利用するために、あらかじめ取得し保持する必要があるのが実装の重要な点です。特に、今回の様な写真の動きが遷移元と遷移先であたかも連続しているような表現[6]を実現する際には、お互いの画面で必要な情報を取得するための考慮が可能な形にしておくと良いでしょう。

2.5 画面遷移後の詳細画面の実装

次は、カスタムトランジションによる画像が拡大されるような動きで、画面遷移した先の画面の実装における処理です。

概要としては、前述したUIScrollViewとUIStackViewを組み合わせて、テキスト量に伴うView

---

6. 参考：http://www.stefanovettor.com/2015/12/25/uicollectionview-custom-transition-pop-in-and-out/

の高さ変化に考慮した形にします。また一番上の画像表示部分とNavigationBar部分については、スクロールの変化量に応じて画像の視差効果を演出するような形の表現を盛り込んでいます。

ここでは、UIScrollViewのスクロール変化量に応じて、AutoLayoutの制約値を変更することで実現できる表現について解説します。

2.5.1 サムネイル画像の視差効果表現

メディアや読み物系コンテンツでもよく見られる、スクロールの変化量に応じてヘッダーのサムネイル画像がバウンドしたり、コンテンツを読み進めて行く際に視差効果を伴ってヘッダーのサムネイル画像が隠れる動きの実装方法です。まずは、ヘッダーのサムネイル画像を配置したViewを作成します。AutoLayoutの制約値をUIScrollViewのスクロール量と連動して更新できるようなクラスをリスト2.12のような形で実装します。

リスト2.12: ヘッダーのサムネイル画像を配置したViewの実装

```swift
import Foundation
import UIKit

class DetailHeaderView: UIView {

    private var imageView = UIImageView()
    private var imageViewHeightLayoutConstraint = NSLayoutConstraint()
    private var imageViewBottomLayoutConstraint = NSLayoutConstraint()

    private var wrappedView = UIView()
    private var wrappedViewHeightLayoutConstraint = NSLayoutConstraint()

    // MARK: - Initializer

    required override init(frame: CGRect) {
        super.init(frame: frame)

        setupDetailHeaderView()
    }

    required init?(coder aDecoder: NSCoder) {
        super.init(coder: aDecoder)

        setupDetailHeaderView()
    }

    // MARK: - Function
```

第2章　写真を拡大する画面遷移UI　　59

```swift
// バウンス効果のあるUIImageViewに表示する画像をセットする
func setHeaderImage(_ targetImage: UIImage) {
    imageView.image = targetImage
    imageView.contentMode = .scaleAspectFill
    imageView.clipsToBounds = true
}


// UIScrollViewの変化量に応じてAutoLayoutの制約を動的に変更する
func setParallaxEffectToHeaderView(_ scrollView: UIScrollView) {

    // UIScrollViewの上方向の余白の変化量をwrappedViewの高さに加算する
    // 参考：http://blogios.stack3.net/archives/1663
    wrappedViewHeightLayoutConstraint.constant = scrollView.contentInset.top

    // Y軸方向オフセット値を算出する
    let offsetY = -(scrollView.contentOffset.y + scrollView.contentInset.top)

    // Y軸方向オフセット値に応じた値をそれぞれの制約に加算する
    wrappedView.clipsToBounds = (offsetY <= 0)
    imageViewBottomLayoutConstraint.constant = (offsetY >= 0) ? 0 : -offsetY
/ 2
    imageViewHeightLayoutConstraint.constant = max(
        offsetY + scrollView.contentInset.top,
        scrollView.contentInset.top
    )
}

// MARK: - Private Function

private func setupDetailHeaderView() {

    self.backgroundColor = UIColor.white

    /**
     * ・コードでAutoLayoutを張る場合の注意点等の参考
     *
     * (1) Auto Layoutをコードから使おう
     * http://blog.personal-factory.com/2016/01/11/make-auto-layout-via-code/
     *
     * (2) Visual Format Languageを使う【Swift3.0】
     * http://qiita.com/fromage-blanc/items/7540c6c58bf9d2f7454f
```

```swift
 *
 * (3) コードでAutolayout
 * http://qiita.com/bonegollira/items/5c973206b82f6c4d55ea
 */


// Autosizing → AutoLayoutに変換する設定をオフにする
wrappedView.translatesAutoresizingMaskIntoConstraints = false
wrappedView.backgroundColor = UIColor.white
self.addSubview(wrappedView)


// このViewに対してwrappedViewに張るConstraint（横方向 → 左：0，右：0）
let wrappedViewConstarintH = NSLayoutConstraint.constraints(
    withVisualFormat: "H:|[wrappedView]|",
    options: NSLayoutConstraint.FormatOptions(rawValue: 0),
    metrics: nil,
    views: ["wrappedView" : wrappedView]
)


// このViewに対してwrappedViewに張るConstraint（縦方向 → 上：なし，下：0）
let wrappedViewConstarintV = NSLayoutConstraint.constraints(
    withVisualFormat: "V:[wrappedView]|",
    options: NSLayoutConstraint.FormatOptions(rawValue: 0),
    metrics: nil,
    views: ["wrappedView" : wrappedView]
)


self.addConstraints(wrappedViewConstarintH)
self.addConstraints(wrappedViewConstarintV)


// wrappedViewの縦幅をいっぱいにする
wrappedViewHeightLayoutConstraint = NSLayoutConstraint(
    item: wrappedView,
    attribute: .height,
    relatedBy: .equal,
    toItem: self,
    attribute: .height,
    multiplier: 1.0,
    constant: 0.0
)
self.addConstraint(wrappedViewHeightLayoutConstraint)
```

```swift
    // wrappedViewの中にimageView入れる
    imageView.translatesAutoresizingMaskIntoConstraints = false
    imageView.backgroundColor = UIColor.white
    imageView.clipsToBounds = true
    imageView.contentMode = .scaleAspectFill
    wrappedView.addSubview(imageView)

    // wrappedViewに対してimageViewに張るConstraint（横方向 → 左：0，右：0）
    let imageViewConstarintH = NSLayoutConstraint.constraints(
        withVisualFormat: "H:|[imageView]|",
        options: NSLayoutConstraint.FormatOptions(rawValue: 0),
        metrics: nil,
        views: ["imageView" : imageView]
    )

    // wrappedViewの下から0pxの位置に配置する
    imageViewBottomLayoutConstraint = NSLayoutConstraint(
        item: imageView,
        attribute: .bottom,
        relatedBy: .equal,
        toItem: wrappedView,
        attribute: .bottom,
        multiplier: 1.0,
        constant: 0.0
    )

    // imageViewの縦幅をいっぱいにする
    imageViewHeightLayoutConstraint = NSLayoutConstraint(
        item: imageView,
        attribute: .height,
        relatedBy: .equal,
        toItem: wrappedView,
        attribute: .height,
        multiplier: 1.0,
        constant: 0.0
    )

    wrappedView.addConstraints(imageViewConstarintH)
    wrappedView.addConstraint(imageViewBottomLayoutConstraint)
    wrappedView.addConstraint(imageViewHeightLayoutConstraint)
}
```

}

　Xibファイルがないコードのみの構成になっていますが、InterfaceBuilderを利用して任意のUIView に適用することが可能です。このViewの位置関係をまとめると、図2.9の構成になります。カスタムトランジションの動きとの位置関係を合わせるために、少し構成が複雑になっている点には注意して下さい。

図2.9: サムネイル画像の視差効果表現の図解

視差効果（パララックス）を生み出すために該当のViewクラス内にメソッドを定義して内部UIImageViewに付与したAutoLayoutの値を更新可能な形とする。

　次に、UIScrollViewのスクロール量の変化に応じて、ヘッダーのサムネイル画像の伸縮をAutoLayoutの制約値を更新することでアニメーションする動きを実現する実装です。

　本サンプルにおけるスクロールの動きと、前述のクラスに配置しているヘッダーのサムネイル画像の状態の関係性をまとめます。

1. コンテンツが一番上にある状態で下にスクロールをすると、ヘッダーのサムネイル画像が伸びるような動きをする。
2. コンテンツが一番上にある状態で上にスクロールをすると、ヘッダーのサムネイル画像がずれながら上方向へ移動する。

　UIScrollViewのスクロール検知とその位置情報については、UIScrollViewDelegateのscrollViewDidScrollメソッドを利用することで取得ができるので、リスト2.13の形で実装し

ます。

リスト2.13: ヘッダーのサムネイル画像配置 View と UIScrollViewDelegate との連動

```
// MARK - UIScrollViewDelegate

extension DetailViewController: UIScrollViewDelegate {

    // スクロールが検知された時に実行される処理
    func scrollViewDidScroll(_ scrollView: UIScrollView) {

        // 画像のパララックス効果付きのViewに付与されているAutoLayout制約を変更してパララッ
クス効果を出す
        detailHeaderView.setParallaxEffectToHeaderView(scrollView)

        ・・・(別途UIScrollViewのスクロール量に合わせて該当Viewの位置関係を調節する処理)・・・

    }
}
```

後述するヘッダー部分のアニメーション表現に関してもほぼ同様な形で実現できます。このよう
に、スクロール量とAutoLayoutの制約値の更新を連動したアニメーション表現は、最初のうちは
取っ付きにくい印象があります。しかし、慣れて上手に扱うことができる様になると、レイアウト
やデザインに合わせた美しい表現の幅が広がります。

2.5.2　ヘッダー部分のアニメーション表現

これも前述の表現と同様にメディアや読み物系コンテンツでもよく見るもののひとつです（現在の
Twitter公式アプリもこの表現に似た動き方をしています）。スクロールの変化量に応じてヘッダー
の背景色が徐々に変化しながらタイトルが表示され、サムネイル画像が完全に隠れた後はそのまま
の状態を維持する動きです。

この表現を行う上でのポイントは、NavigationBarの中に、UIScrollViewのスクロールの変化量
に応じたAutoLayoutの値の更新を考慮した、ダミーのヘッダー用Viewを配置する点です。

まずは、ダミーのヘッダー用Viewを作成します。AutoLayoutの制約値をUIScrollViewのスク
ロール量と連動して更新できるクラスをリスト2.14の形でXibファイルと合わせて実装します。

リスト2.14: ダミーのヘッダー用 View の実装

```
import Foundation
import UIKit

class AnimationDetailHeaderView: CustomViewBase {

    var headerBackButtonTappedHandler: (() -> ())?
```

64　　第2章　写真を拡大する画面遷移UI

```swift
    @IBOutlet weak private var headerBackgroundView: UIView!
    @IBOutlet weak private var headerWrappedViewTopConstraint:
NSLayoutConstraint!
    @IBOutlet weak private var headerTitle: UILabel!
    @IBOutlet weak private var headerBackButton: UIButton!

    // MARK: - Initializer

    required init(frame: CGRect) {
        super.init(frame: frame)

        setupAnimationDetailHeaderView()
    }

    required init?(coder aDecoder: NSCoder) {
        super.init(coder: aDecoder)

        setupAnimationDetailHeaderView()
    }

    // MARK: - Function

    // ダミーのヘッダー内にある背景Viewのアルファ値をセットする
    func setHeaderBackgroundViewAlpha(_ alpha: CGFloat) {
        headerBackgroundView.alpha = alpha
    }

    // ダミーのヘッダー内にあるタイトルをセットする
    func setTitle(_ title: String?) {
        headerTitle.text = title
    }

    // ダミーのヘッダー内の上方向の制約を更新する
    //
    // 引数「constraint」の算出方法について:
    // (画像のパララックス効果付きのViewの高さ) - (NavigationBarの高さを引いたもの) -
(UIScrollView側のY軸方向のスクロール量)

    func setHeaderNavigationTopConstraint(_ constant: CGFloat) {

        // 初期状態のheaderWrappedViewTopConstraintのマージン値 (StatusBarの高さと同値)
```

```swift
        let defaultHeaderMargin = UIApplication.shared.statusBarFrame.height

        if constant > 0 {
            headerWrappedViewTopConstraint.constant = defaultHeaderMargin +
constant
        } else {
            headerWrappedViewTopConstraint.constant = defaultHeaderMargin
        }
        self.layoutIfNeeded()
    }

    // MARK: - Private Function

    @objc private func headerBackButtonTapped(sender: UIButton) {

        // ViewController側でクロージャー内にセットした処理を実行する
        headerBackButtonTappedHandler?()
    }

    private func setupAnimationDetailHeaderView() {

        // ボタン押下時のアクションの設定
        headerBackButton.addTarget(
            self,
            action: #selector(self.headerBackButtonTapped(sender:)),
            for: .touchUpInside
        )
    }
}
```

　このViewクラスに関連づけたXibファイルの構造は、図2.10のようになります。NavigationBar内に配置する際のサイズの設定や、画面遷移との整合性を取るための具体的な処理の実装は、本サンプルのDetailViewController.swiftファイル内のUIViewControllerのライフサイクル処理内を参照してください。

66　第2章　写真を拡大する画面遷移UI

図2.10: ヘッダー部分のアニメーション表現の図解

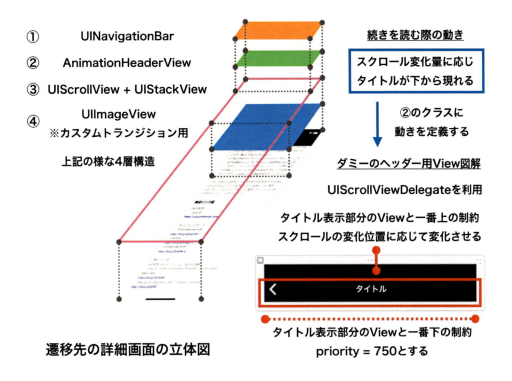

次に、UIScrollViewのスクロール量の変化に応じて、ダミーのヘッダー用Viewにおけるタイトル位置や背景のアルファ値を、AutoLayoutの制約値を更新することでアニメーションに実現する実装を考えます。

本サンプルにおけるスクロールの動きと前述のクラス内の状態の関係性をまとめます。

1. コンテンツが一番上にある状態で上にスクロールをすると、背景のアルファ値が1に近づきながらタイトルが下から徐々に現れる。
2. ヘッダーのサムネイル画像が完全に隠れたら、タイトルは現れたままの状態になり更に上へスクロールを続けても維持される。

UIScrollViewのスクロール検知とその位置情報も、UIScrollViewDelegateのscrollViewDidScrollメソッドを利用して取得できるので、リスト2.15の形で実装します。

リスト2.15: ダミーのヘッダー用ViewとUIScrollViewDelegateとの連動

```
// MARK - UIScrollViewDelegate

extension DetailViewController: UIScrollViewDelegate {

    // スクロールが検知された時に実行される処理
    func scrollViewDidScroll(_ scrollView: UIScrollView) {
```

```
         ・・・(別途UIScrollViewのスクロール量に合わせて該当Viewの位置関係を調節する処理)・・・


         // ダミーのヘッダー用のViewのアルファ値を上方向のスクロール量に応じて変化させる
         //
         // それぞれの変数の意味と変化量と伴って変わる値に関する補足：
         // navigationInvisibleHeight = 画像の視差効果付きのView高さ - ダミーのヘッダー用
のView高さ
         // アルファの値 = 上方向のスクロール量 ÷ navigationInvisibleHeightとする
         // アルファの値域：(0 ≦ gradientHeaderView.alpha ≦ 1)

         let navigationInvisibleHeight =
             detailHeaderView.frame.height - animationHeaderViewHeight
         let scrollContentOffsetY = scrollView.contentOffset.y

         var changedAlpha: CGFloat
         if scrollContentOffsetY > 0 {
             changedAlpha = min(scrollContentOffsetY / navigationInvisibleHeight,
1)
         } else {
             changedAlpha = max(scrollContentOffsetY / navigationInvisibleHeight,
0)
         }
         animationDetailHeaderView.setHeaderBackgroundViewAlpha(changedAlpha)

         // ダミーのヘッダー用のViewの中身の戻るボタンとタイトルを包んだViewの上方向の制約を更
新する
         let targetTopConstraint = navigationInvisibleHeight -
scrollContentOffsetY

         animationDetailHeaderView.setHeaderNavigationTopConstraint(
             targetTopConstraint
         )
     }
}
```

　本サンプルの様に、NavigationBarにカスタマイズを加えるような処理を行う際の気をつけるべき
ポイントは次の点です。

・これ以降にこの画面から更に遷移する画面がないか、画面遷移の流れの考慮

・元のNavigationBarのデザインとなるべく差異がないか

アニメーション表現に関する実装を加える場合は無理をした実装になりがちなので、この部分に

68　　第2章　写真を拡大する画面遷移UI

2.6 本サンプルにおける画面遷移表現のまとめ

最後になりますが、本サンプルにおける全体的な画面遷移と、カスタムトランジションに関する処理全般に関するポイントを改めて図2.11にまとめました。

図2.11: 全体的な画面遷移とカスタムトランジションに関するまとめ図解

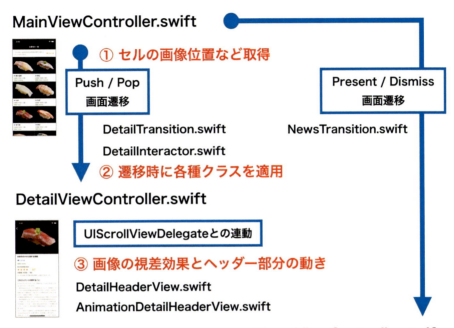

解説し切れなかったり割愛した部分もありますが、カスタムトランジションを利用したアニメーションや、UIScrollViewと連動するAutoLayoutの制約値の更新を利用した表現をはじめ、UI表現に関する実装をできるだけ詰め込んでいます。細かな表現をする処理も、コード内にできるだけ詳細にコメントを加えていますので、併せて参考にしてください。

UI実装に詰まった時はどんなことをする？

筆者がUI実装を色々試してみる際や、業務の中でUI実装に詰まってしまったり、画面の仕様上この動きはどう足掻いても実現が難しいことがわかって凹んでしまう場合が今でもよくあります。そんな時は、一旦Xcodeから離れて、
・現在の実装より容易に実現できる方法はないか？
・大きな変更を伴わない範囲で、少しレイアウトを変化させても問題ないか？
・可能ならばデザインを修正して組み直すか？
ということを考えて、図解等に起こす作業を行っています。この作業の意図は、できるだけ実装中に詰まってしまう

状態を早い段階で防ぐための対策です（ちょっと言い訳っぽいですね）。

　そして、このような可能性が少しでもあるUI実装は、なるべく事前に不安な部分や実装にクセがある部分を体感するために、UI実装の前に事前の検証を行います。そうすることで、今回の実装ではできなかったけど次の実装時には活かすことができたり、実装時の注意点を見つけることもできます。

　また、実装に詰まりそうだと感じた時は、できるだけ英語のUI実装記事や、類似したUI実装をしたGithubのコードを調べる機会を多く取り、実装の参考になりそうな部分や注意点を確認しておくことを心がけています。これによってポイント等が明確になるので、個人的にはおすすめです。

第3章 Tinder風のUI

||||||||||||||||||||||||||||||||||||||||||||||||||||||||||||||||||||||||||||||||||||||||||||||||

この章では GestureRecognizer による指の動きを利用した実装例として、人気アプリ「Tinder」でも使われている「好き」or「嫌い」（Yes or No）を左右のスワイプで答える UI の実装を解説します。シンプルにカード風の UI を左右にスワイプして、画面から消す動きまでの動きを再現した実装です。この形の UI はマッチングアプリをはじめとするユーザーのカジュアルな選択を促すための UI として、同様な動きを表現するための UI ライブラリーが数多くあることからも、その心理的な効果や応用への関心が高いことが伺えます。

||||||||||||||||||||||||||||||||||||||||||||||||||||||||||||||||||||||||||||||||||||||||||||||||

3.1 実装する上でのポイント

指の動きに合わせて実装を行う場合は、TouchEvent や GestureRecognizer を活用した実装をする必要があります。

ただし今回の場合は、カード状の View に指をおいてドラッグをしている最中と、指を離した際の位置を基準とした処理の分岐が発生します。そこで、次のような形でそれぞれの処理のポイントとなる部分を切り分けて考えると、整理しやすいでしょう。

・【処理の順序と概要】

１．選択したカード状の UI を、左右に動かす動き

２．配置されているカード状の UI のコントロール

３．カードが消えたタイミングで実行される処理

また、今回のサンプルでは左右にドラッグ操作を行っている最中にカード状の View がほんの少し傾いて自然な動きを感じさせる処理や、スワイプ時に画面外に消えていく処理、画像を選択する際に他のカードもわずかに動く処理など、細かな動きをつけることで UI を操作する際の心地よさに関する実装を加えています。カード状の View におけるメイン部分の動きはもちろんですが、演出に関するアニメーションに関する実装も考慮すると、より完成度の高い UI を実現できます

さらに補足として、このような UI では大きさやカード内のデザインを柔軟に変更できるように、調節する値をプロトコルで切り出すなどの配慮が有効です。今回のサンプルにはこの部分を含んでいませんが、リスト3.1のような実装例ならば、動かす View のデザインに関する定数値を整理しておくとよいでしょう。

リスト3.1: 調節したい値をプロトコルへ切り出す

```
protocol ItemCardSetting {

    // MARK: - Static Properties
```

```swift
    // カード用View高さ
    static var cardSetViewWidth: CGFloat { get }

    // カード用View幅
    static var cardSetViewHeight: CGFloat { get }

    // カード用View角丸
    static var backgroundCornerRadius: CGFloat { get }

    ・・・(調節したい値を定義する)・・・
}
```

```swift
class ItemCardDefaultSettings: ItemCardSetting {

    // MARK: - ItemCardSettingプロトコルで定義した変数

    static var cardSetViewWidth: CGFloat = 300

    static var cardSetViewHeight: CGFloat = 320

    static var backgroundCornerRadius: CGFloat = 0.0

    ・・・(これらのプロトコルを適用したクラスを作成して管理する)・・・
}
```

　カード状のViewでの細かな挙動を調節する処理が多くなると、コードの見通しが悪くなりやすい
デメリットもあります。クラス内の処理を細かな単位で整理したり、配置したViewController側と
の間をProtocolを用いて繋げることで、取り扱い易く見通しを良くするための配慮が必要です。

3.2　処理の橋渡しを行うプロトコル実装

　まずはカード状のViewの作成です。

　今回も前章と同様に、View要素に切り出したパーツをInterfaceBuilderで取り扱うことができる
ように、xibファイルとSwiftファイルを作成します。これを図3.1の形でAutoLayoutで制約をつけ
ていきます。

　ここで作成したカード状のViewにはボタンがありますが、前章と同じくViewController側で処理
を記述できるように、ボタンタップ時のアクションとクロージャーを組み合わせた形で実装します。

72　　第3章　Tinder風のUI

図 3.1: カード状の View のデザイン

① カード状のViewを部品に切り出して取り扱いやすくする配慮
② 配置画面への処理の橋渡しはProtocolやクロージャーを利用

表示に必要なUI部品のレイアウト等の下準備が完了しました。

次に、カード状のViewを表示するためのクラス側に、ViewController側の処理を橋渡しするためのプロトコルを定義します。これを、カード状のViewを動かしたタイミングで、配置しているViewController側へ処理の橋渡しができる様にします。

UIPangestureRecognizerの処理状態と、配置されているカード状のViewを消すかまたは残すかの判定結果により、カード状のViewの位置と配置しているViewController側の処理を繋ぐ必要があります。カード状のViewの状態から考えた場合、カード状のView側で配置したViewControllerへ処理を伝える必要があるタイミングは次の5つです。

・ドラッグ開始時
・ドラッグ中の位置変化時
・左側へのスワイプ動作完了時
・右側へのスワイプ動作完了時
・スワイプ量が足りず元の位置に戻る時

この5つの状態に対応出来るようにリスト3.2のようなプロトコルを定義します。

リスト 3.2: カード状の View クラス側に定義するプロトコル

```swift
protocol ItemCardDelegate: NSObjectProtocol {

    // ドラッグ開始時に実行されるアクション
    func beganDragging()

    // 位置の変化が生じた際に実行されるアクション
    func updatePosition(_ itemCardView: ItemCardView, centerX: CGFloat, centerY:
CGFloat)

    // 左側へのスワイプ動作が完了した場合に実行されるアクション
    func swipedLeftPosition()

    // 右側へのスワイプ動作が完了した場合に実行されるアクション
    func swipedRightPosition()

    // 元の位置に戻る動作が完了したに実行されるアクション
    func returnToOriginalPosition()
}
```

　カード状のView側はそのカード単体に関する処理をメインで担当し、配置しているViewController側ではカードに表示するデータや、表示全体に関する処理を担当する形にします。これにより、お互いの処理間の橋渡しと関係性が整理された状態になります。

　仮にこの状態から更に処理やUI部品の振る舞いを加える必要があったとしても、できるだけ少ないコードの変更で構造の変化に対応できるようにしておくことで良い実装ができるでしょう。

3.3　画面に追加した際の演出

　次は画面を表示しているViewControllerからカード状のViewを追加する際の演出です。初期配置をする位置や傾きを微妙に調節することで、カード状のViewがあたかもランダムに配置されるような動きと、配置の際にカードが画面の上から回転しながら現れる、というふたつの動きをViewの初期化タイミングで付与するようにします。

　まずは下準備として、ランダムな値を与えるためのInt型の拡張メソッドをリスト3.3のように定義します。

リスト3.3: 負数を含む範囲内でランダム値を作成する

```swift
extension Int {

    // 決まった範囲内（負数値を含む）での乱数値を作る
    // 参考: https://qiita.com/lovee/items/67db977a1afc80b3148d
    static func createRandom(range: Range<Int>) -> Int {
```

```
        let rangeLength = range.upperBound - range.lowerBound
        let random = arc4random_uniform(UInt32(rangeLength))
        return Int(random) + range.lowerBound
    }
}

// 例．-300から300までの中からランダムな値をひとつ取得する
let randomInt = Int.createRandom(range: Range(-300...300))
```

　初期化の際に前述したアニメーションによる演出を行うには、まずは初期化時に実行する処理を組み立てます。これらの負数を含むランダム値を活用して、意図的に配置位置の中心位置と傾きに揺らぎを与え、カード状のViewが重なり、画面の上からカードが回転しながら落ちてくるアニメーションを付与します。

　このために初期状態を格納するためのプロパティーをあらかじめ準備して、傾きと中心位置・拡大縮小比を処理に合わせて変更ができる状態にします。画像の傾きについての処理は、transformプロパティーの値を変更するアフィン変換を用いて、任意の座標点を中心とした回転処理を行います。

図3.2: カードを初期配置する処理の概要

① 配置時に上から降ってくるアニメーションを追加する
② 完了時に重なりと奥行きを表現するための調整を行う

　今回の演出のような場合、アニメーションの実装や配置位置の調整用に利用するプロパティーが

多くなります。その際は、変数に意図がわかりやすくなるような名前をつけるように心がけると、より整理がされたコードになるでしょう。

　以上の説明を踏まえた初期化時の処理はリスト3.4の実装になります。

リスト3.4: 初期化時にアニメーションと微調整を適用する

```swift
// MEMO: ItemCardView.xib内の「Use Safe Area Layout Guides」のチェックを外しておく
class ItemCardView: CustomViewBase {

    ・・・(省略)・・・


    // このViewの初期状態の中心点を決める変数(意図的に揺らぎを与えてランダムで少しずらす)
    private var initialCenter: CGPoint = CGPoint(
        x: UIScreen.main.bounds.size.width / 2,
        y: UIScreen.main.bounds.size.height / 2
    )


    // このViewの初期状態の傾きを決める変数(意図的に揺らぎを与えてランダムで少しずらす)
    private var initialTransform: CGAffineTransform = .identity


    ・・・(省略)・・・


    // 初期化される前と後の拡大縮小比
    private let beforeInitializeScale: CGFloat = 1.00
    private let afterInitializeScale: CGFloat = 1.00


    ・・・(省略)・・・


    // 「拡大画像を見る」ボタン
    @IBOutlet weak private var largeImageButton: UIButton!


    // MARK: - Initializer

    override func initWith() {
        setupItemCardView()
        setupSlopeAndIntercept()
        setupInitialPositionWithAnimation()
    }


    ・・・(省略)・・・


    // このViewに対する初期設定を行う
```

```swift
    private func setupItemCardView() {

        // このViewの基本的な設定
        self.clipsToBounds   = true
        self.backgroundColor = UIColor.white
        self.frame = CGRect(origin: CGPoint.zero, size: CGSize(width: 300,
height: 360))

        // このViewの装飾に関する設定
        self.layer.masksToBounds = false
        self.layer.borderColor   = UIColor(code: "#dddddd").cgColor
        self.layer.borderWidth   = 0.75
        self.layer.cornerRadius  = 0.00
        self.layer.shadowRadius  = 3.00
        self.layer.shadowOpacity = 0.50
        self.layer.shadowOffset  = CGSize(width: 0.75, height: 1.75)
        self.layer.shadowColor   = UIColor(code: "#dddddd").cgColor

        // このViewの「拡大画像を見る」ボタンに対する初期設定を行う
        largeImageButton.addTarget(
            self,
            action: #selector(self.largeImageButtonTapped),
            for: .touchUpInside
        )

        // このViewのUIPanGestureRecognizerの付与を行う
        let panGestureRecognizer = UIPanGestureRecognizer(
            target: self,
            action: #selector(self.startDragging)
        )
        self.addGestureRecognizer(panGestureRecognizer)
    }

    // このViewの初期状態での傾きと切片の付与を行う
    private func setupSlopeAndIntercept() {

        // 中心位置のゆらぎを表現する値を設定する
        let fluctuationsPosX: CGFloat = CGFloat(
            Int.createRandom(range: Range(-12...12))
        )
        let fluctuationsPosY: CGFloat = CGFloat(
```

```
        Int.createRandom(range: Range(-12...12))
    )

    // 基準となる中心点のX座標を設定する（デフォルトではデバイスの中心点）
    let initialCenterPosX: CGFloat = UIScreen.main.bounds.size.width / 2
    let initialCenterPosY: CGFloat = UIScreen.main.bounds.size.height / 2

    // 配置したViewに関する中心位置を算出する
    initialCenter = CGPoint(
        x: initialCenterPosX + fluctuationsPosX,
        y: initialCenterPosY + fluctuationsPosY
    )

    // 傾きのゆらぎを表現する値を設定する
    let fluctuationsRotateAngle: CGFloat = CGFloat(
        Int.createRandom(range: Range(-6...6))
    )
    let angle = fluctuationsRotateAngle * .pi / 180.0 * 0.25
    initialTransform = CGAffineTransform(rotationAngle: angle)
    initialTransform.scaledBy(x: afterInitializeScale, y:
afterInitializeScale)
}

// このViewを画面外から現れるアニメーションと共に初期配置する位置へ配置する
private func setupInitialPositionWithAnimation() {

    // 表示前のカードの位置を設定する
    let beforeInitializePosX: CGFloat = CGFloat(
        Int.createRandom(range: Range(-300...300))
    )
    let beforeInitializePosY: CGFloat = CGFloat(
        -Int.createRandom(range: Range(300...600))
    )
    let beforeInitializeCenter = CGPoint(
        x: beforeInitializePosX, y: beforeInitializePosY
    )

    // 表示前のカードの傾きを設定する
    let beforeInitializeRotateAngle: CGFloat = CGFloat(
        Int.createRandom(range: Range(-90...90))
    )
```

```swift
    let angle = beforeInitializeRotateAngle * .pi / 180.0
    let beforeInitializeTransform = CGAffineTransform(rotationAngle: angle)
    beforeInitializeTransform.scaledBy(
        x: beforeInitializeScale, y: beforeInitializeScale
    )


    // 画面外からアニメーションを伴って現れる動きを設定する
    self.alpha = 0
    self.center = beforeInitializeCenter
    self.transform = beforeInitializeTransform

    UIView.animate(withDuration: 0.93, animations: {
        self.alpha = 1
        self.center = self.initialCenter
        self.transform = self.initialTransform
    })
    }

    ・・・(省略)・・・
}
```

　注意点として、画面上に配置するカード状のViewの個数をあまり増やしすぎないようににしてください。これはアニメーションやGestureRecognizerなど、動きを実装する必要があるUI全般に当てはまることですが、無計画に多用するとパフォーマンスの低下の原因になり、UIに与える印象も悪化します。筆者がアニメーションを組み合わせるUIを実装する際には、まずスペックが低いの端末で検証し、アニメーションが想像以上にもたついたりしないかという観点でも確認しています。

3.4　カード状のViewとUIPanGestureRecognizer

　指の動きに合わせてカード状のViewを動かす処理は、UIPanGestureRecognizerの状態（stateプロパティー）に合わせて実装します。

　この実装では、カード状のViewが指のドラッグに合わせて動いている状態や画面から指が離れた状態で、動きのより細かい調整ができるように座標位置の更新を行います。さらに、**「中心からの距離がどのぐらい離れているか」**をはじめとする変化の割合や、位置に関する値をクラス内のプロパティーにセットします。この点を考慮することで、カード状のViewを動きがより自然に感じられます。

3.4.1　UIPanGestureRecognizer内の処理概要

　ここからは、UIPanGestureRecognizerが実行される際の処理について解説します。

UIPangestureRecognizerのstateプロパティーに応じた処理の場合分けは、次の3つのパターンです。

1. ドラッグ開始時の処理
2. ドラッグ中の処理
3. ドラッグ終了時の処理

これらの場合に応じて、カード状のViewの動きやUIに関する処理と、前述で定義したプロトコルの処理を記載します。それぞれの状態で行いたい処理の概要は次の3つです。

1. ドラッグ開始時の処理

・ドラッグ処理開始時のViewがある位置を取得し、その値をクラス内の変数に一旦保持しておく。
・UI表現に関する部分は、アニメーションのアルファ値の変化のみを実行する。
・カード状のViewを配置したViewController側で、ドラッグ開始時に行いたい処理を定義したプロトコル経由で実行する。

2. ドラッグ中の処理

・ドラッグ中に動かした中心の位置を取得し、カード状のViewの中心の位置に反映させる。同時に、静止した状態を0として、中心位置からの左右または上下へ移動した変化の割合を計算し、その値をクラス内の変数に一旦保持しておく。
・UI表現に関する部分は、中心位置からの左右へ移動した変化の割合から回転量を取得し、初期配置時の回転量へ加算した値でアフィン変換を適用することで円弧を描くようなカードの動きを演出する。
・カード状のViewを配置したViewController側で、ドラッグ中に行いたい処理を定義したプロトコル経由で実行する。

3. ドラッグ終了時の処理

・ドラッグ中に算出した変化の割合を元に「①カード状のViewが消える場合の方向」と「②カード状のViewを画面上から消すもしくは残すかの判定」を行う。また画面外へ「③カード状のViewが画面外へ消える場合のスワイプの強さ（動かした位置）に応じたアニメーションの速さ」を算出する。
・UI表現に関する部分は前述の①~③で取得した値を活用して、画面外へ消えるか元の位置に戻るアニメーションを実行する。
・カード状のViewを配置したViewController側で「左側へのスワイプ動作完了時」「右側へのスワイプ動作完了時」「スワイプ量が足りず元の位置に戻る時」それぞれのタイミングで行いたい処理を定義したプロトコル経由で実行する。

これらの処理の実装は、リスト3.5の形になります。

リスト3.5: 初期化時にアニメーションと微調整を適用する

80 第3章 Tinder風のUI

```swift
class ItemCardView: CustomViewBase {

    ・・・（省略）・・・

    // ドラッグ処理開始時のViewがある位置を格納する変数
    private var originalPoint: CGPoint = CGPoint.zero

    // 中心位置からのX軸＆Y軸方向の位置を格納する変数
    private var xPositionFromCenter: CGFloat = 0.0
    private var yPositionFromCenter: CGFloat = 0.0

    // 中心位置からのX軸方向へ何パーセント移動したか（移動割合）を格納する変数
    // MEMO: 端部まで来た状態を1とする
    private var currentMoveXPercentFromCenter: CGFloat = 0.0
    private var currentMoveYPercentFromCenter: CGFloat = 0.0

    ・・・（省略）・・・

    // 続きを読むボタンがタップされた際に実行される処理
    @objc private func largeImageButtonTapped(_ sender: UIButton) {
        largeImageButtonTappedHandler?()
    }

    // ドラッグが開始された際に実行される処理
    @objc private func startDragging(_ sender: UIPanGestureRecognizer) {

        // 中心位置からのX軸＆Y軸方向の位置の値を更新する
        xPositionFromCenter = sender.translation(in: self).x
        yPositionFromCenter = sender.translation(in: self).y

        // UIPangestureRecognizerの状態に応じた処理を行う
        switch sender.state {

        // ドラッグ開始時の処理
        case .began:

            // ドラッグ処理開始時のViewがある位置を取得する
            originalPoint = CGPoint(
                x: self.center.x - xPositionFromCenter,
                y: self.center.y - yPositionFromCenter
            )
```

第3章　Tinder風のUI

```swift
    // ItemCardDelegateのbeganDraggingを実行する
    self.delegate?.beganDragging()

    // ドラッグ処理開始時のViewのアルファ値を変更する
    UIView.animate(
        withDuration: 0.26,
        delay: 0.0,
        options: [.curveEaseInOut],
        animations: {
        self.alpha = 0.96
    }, completion: nil)

    break

// ドラッグ最中の処理
case .changed:

    // 動かした位置の中心位置を取得する
    let newCenterX = originalPoint.x + xPositionFromCenter
    let newCenterY = originalPoint.y + yPositionFromCenter

    // Viewの中心位置を更新して動きをつける
    self.center = CGPoint(x: newCenterX, y: newCenterY)

    // ItemCardDelegateのupdatePositionを実行する
    self.delegate?.updatePosition(self, centerX: newCenterX, centerY:
newCenterY)

    // 中心位置からのX軸方向へ何パーセント移動したか（移動割合）を計算する
    currentMoveXPercentFromCenter
        = min(xPositionFromCenter / UIScreen.main.bounds.size.width, 1)

    // 中心位置からのY軸方向へ何パーセント移動したか（移動割合）を計算する
    currentMoveYPercentFromCenter
        = min(yPositionFromCenter / UIScreen.main.bounds.size.height, 1)

    // ① 前記で算出したX軸方向の移動割合から回転量を取得する
    // ② 初期配置時の回転量へ加算した値でアファイン変換を適用する
    let initialRotationAngle = atan2(initialTransform.b,
initialTransform.a)
```

82　第3章　Tinder風のUI

```swift
        let whenDraggingRotationAngel
            = initialRotationAngle + CGFloat.pi / 14 *
currentMoveXPercentFromCenter
        let transforms = CGAffineTransform(rotationAngle:
whenDraggingRotationAngel)

        // 拡大縮小比を適用する
        let scaleTransform: CGAffineTransform = transforms.scaledBy(x: 1.00,
y: 1.00)
        self.transform = scaleTransform

        break

    // ドラッグ終了時の処理
    case .ended, .cancelled:

        // ドラッグ終了時点での速度を算出する
        let whenEndedVelocity = sender.velocity(in: self)

        // 移動割合のしきい値を超えていた場合には、画面外へ流れていくようにする
        // ※ しきい値の範囲内の場合は元に戻る
        let shouldMoveToLeft  = (currentMoveXPercentFromCenter < -0.38)
        let shouldMoveToRight = (currentMoveXPercentFromCenter > 0.38)

        if shouldMoveToLeft {
            moveInvisiblePosition(verocity: whenEndedVelocity, isLeft: true)
        } else if shouldMoveToRight {
            moveInvisiblePosition(verocity: whenEndedVelocity, isLeft: false)
        } else {
            moveOriginalPosition()
        }

        // ドラッグ開始時の座標位置の変数をリセットする
        originalPoint = CGPoint.zero
        xPositionFromCenter = 0.0
        yPositionFromCenter = 0.0
        currentMoveXPercentFromCenter = 0.0
        currentMoveYPercentFromCenter = 0.0

        break
```

```
            default:
                break
        }
    }

    ・・・（省略）・・・
}
```

図 3.3: UIPangestureRecognizer 処理時の図解

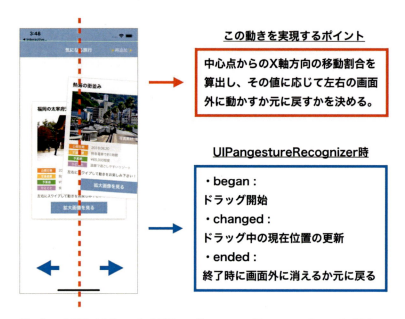

① カード状のViewにUIPanGestureRecognizerを付与
② UIPanGestureRecognizerの状態を利用して動かす

　UIPangestureRecognizer 発動時に行っているのは、現在の位置情報の取得と位置情報を元にした条件判定の2点がメインになります。それぞれのUIPangestureRecognizer の状態に応じて配置したViewController 側への橋渡しに関する処理も行います。これにより、お互いの処理の辻褄をうまく合わせた実装にすることが重要なポイントです。

　現在位置の取得や動きに合わせた傾きの算出処理は、愚直に実装すると煩雑になりやすい部分です。適度な粒度で処理をまとめる等の工夫で、見通しが良くなるでしょう。

3.4.2　UIPanGestureRecognizer の処理で利用するメソッド

　ここでは、ドラッグを終了した（スワイプを完了した）場合の処理と、アニメーションに関する

実装について解説します。

　ドラッグを終了した場合は、ドラッグ中に取得してクラス内の変数に保持した変化の割合の値を元に、カード状のViewの最終的な動きを決めます。今回、この処理は次のような形で実装を行いました。

　・元の位置へ戻すための処理

　　—moveOriginalPosition()

　・左側ないしは右側の領域外へ動かす

　　—moveInvisiblePosition(verocity: CGPoint, isLeft: Bool = true)

これらのふたつの処理の中では、クラス内に保持した値に基づいたアニメーションを実行していますが、ここではバネ運動のように弾む感じの動き[1]を付与しています。

　このメソッドは、iOS7から追加されたもので、設定できる引数は次のようなものがあります。

　UIViewクラスのアニメーションに関するメソッドは、引数の違いや設定値のバリエーションを含めると多岐に亘ります。実装したい動きに合わせてうまく使い分けると、より良いアニメーション実装ができるでしょう。

　・duration: アニメーションの実行秒数

　・delay: 実行までの遅延させる秒数

　・usingSpringWithDamping: バネの振動(0に近いほど大きくなる)

　・initialSpringVelocity: バネの初速(初速の考慮が不要なら0で良い)

　・option: アニメーションのオプション値

　今回の動きのポイントは、まずスワイプの量が足りない場合、元々カード状のViewを配置していた位置に戻す際に少し弾む感じで元に戻る動きをする点です。加えて左右の画面外にカードを移動させる場合、アニメーションの初速となるvelocity値を元にアニメーションの終了位置を算出し、画面外に出る動きを実現する点になります。

　さらに、左右のスワイプ動作との処理の繋ぎ目ができるだけ自然な形になるように、アニメーションの秒数や遅延時間はもちろん、オプションに関する値をはじめとするアニメーションに関する設定値を調整することで[2]、画面を触ったときに気持ちの良い動作を演出できます。

　以上の説明を踏まえて、ドラッグを終了した（スワイプを完了した）場合のそれぞれのアニメーションと組み合わせた処理はリスト3.6のような実装になります。

リスト3.6: 初期化時にアニメーションと微調整を適用する

```
// 補足：このふたつのメソッドで使用するクラス内の変数
// initialCenter: 初回配置時の中心位置
// initialTransform: 初回配置時の傾き


// このViewを元の位置へ戻す
private func moveOriginalPosition() {
```

---

1. 参考：https://qiita.com/shu223/items/bce33f6ab448c90e4d2b

2. 参考：https://techlife.cookpad.com/entry/2015/10/02/180247

```swift
UIView.animate(
    withDuration: 0.26,
    delay: 0.0,
    usingSpringWithDamping: 0.68,
    initialSpringVelocity: 0.0,
    options: [.curveEaseInOut],
    animations: {

        // ドラッグ処理終了時はViewのアルファ値を元に戻す
        self.alpha = 1.00

        // このViewの配置を元の位置まで戻す
        self.center = self.initialCenter
        self.transform = self.initialTransform

    }, completion: nil)

    // ItemCardDelegateのreturnToOriginalPositionを実行する
    self.delegate?.returnToOriginalPosition()
}

// このViewを左側ないしは右側の領域外へ動かす
private func moveInvisiblePosition(verocity: CGPoint, isLeft: Bool = true) {

    // 変化後の予定位置を算出する（Y軸方向の位置はverocityに基づいた値を採用する）
    let absPosX = UIScreen.main.bounds.size.width * 1.6
    let endCenterPosX = isLeft ? -absPosX : absPosX
    let endCenterPosY = verocity.y
    let endCenterPosition = CGPoint(x: endCenterPosX, y: endCenterPosY)

    UIView.animate(
        withDuration: 0.36,
        delay: 0.0,
        usingSpringWithDamping: 0.68,
        initialSpringVelocity: 0.0,
        options: [.curveEaseInOut],
        animations: {

            // ドラッグ処理終了時はViewのアルファ値を元に戻す
            self.alpha = 1.00
```

```swift
        // 変化後の予定位置までViewを移動する
        self.center = endCenterPosition

    }, completion: { _ in

        // ItemCardDelegateのswipedLeftPositionを実行する
        if isLeft {
            self.delegate?.swipedLeftPosition()
        } else {
            self.delegate?.swipedRightPosition()
        }

        // 画面から該当のViewを削除する
        self.removeFromSuperview()
    })
}
```

　このような形で、GestureRecognizerの状態に応じてカード状のViewの見た目上の動きに関する調整と、状態に応じた処理と組み合わせを行います。その上で、ひとつのクラスに処理を詰め込みすぎないようにするために、プロトコルを利用した実装を組み合わせることで、適切なタイミングでの処理の住み分けと連動を行っています。カード状のViewを配置するViewController側で扱いやすくする配慮を念頭に置くと良い実装になるでしょう。

3.5　UIViewControllerとの連携部分の実装

　これまでは配置するカード状のViewに関する実装の解説を行ってきました。ここからは配置側のViewControllerに関する処理について解説します。

　この部分では、得したデータを元にカード状のViewを配置する際の実装と、プロトコルで定義したメソッドの具体的な実装を行うことで、お互いの処理を必要なタイミングで連動させるようにします。

　またカード状のViewを配置しているViewControllerも、細かなアニメーションやUIの状態変化に関する処理を行うことで、より綺麗かつ繊細な動きを演出しています。配置する部品と配置される画面の間で実現する処理がうまく組み合わさった際の上手な連動は、アプリを使用するユーザーに対して心地良い印象を与える効果が期待できます。

3.5.1　表示データとの連結部分の処理

　画面に配置したカード状のViewデータの取得は「View - Presenter - Modelの関係（MVPパターン）」を採用することで、データの取得とカード状のViewを表示するための処理が連動する形を取っています。

今回は画面が少なくAPI通信を伴う非同期処理もないサンプルですが、この形をとることで、仮にこのデータ取得処理の部分を置き換える、といったことになった場合も柔軟に対応できる構成にしています。

図3.4: ViewController側の処理と配置したカード状のViewの連動の図解

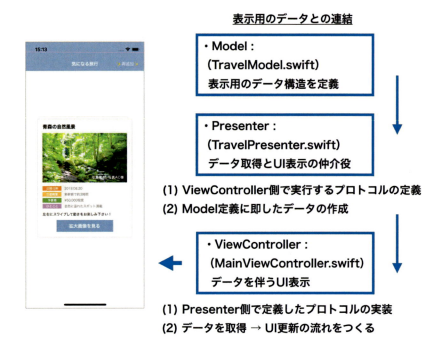

Presenterで行う実装は、カード状のViewを配置する際に表示するデータの組み立てを行う処理と、ViewController側で実行したい処理との橋渡しを行うためのプロトコルの定義です。表示するためのデータ構造を定義するためのModel側のコードは割愛しますが、Presenter全体の実装はリスト3.7の形になります。

リスト3.7: Presenter側の処理

```
// Presenter側の処理
//
// 補足:
// TravelModelでは表示するためのデータ構造を定義する
//
// 実行される処理の流れ:
// 1. ViewController側でgetTravelModels()を実行する
// 2. bindTravelModels(_ travelModels: [TravelModel])が実行される
// 3. 受け取った[TravelModel]を反映する処理をする
```

```swift
protocol TravelPresenterProtocol: class {
    func bindTravelModels(_ travelModels: [TravelModel])
}

class TravelPresenter {

    var presenter: TravelPresenterProtocol!

    // MARK: - Initializer

    init(presenter: TravelPresenterProtocol) {
        self.presenter = presenter
    }

    // MARK: - Functions

    // データの一覧を取得する
    func getTravelModels() {
        let travelModels = generateTravelModels()
        self.presenter.bindTravelModels(travelModels)
    }

    // MARK: - Private Functions

    // データの一覧を作成する
    private func generateTravelModels() -> [TravelModel] {
        return [
            TravelModel(
                id: 1,
                title: "青森の自然風景",
                imageName: "aomori",
                published: "2018.08.20",
                access: "新幹線で約3時間",
                budget: "¥ 50,000程度",
                message: "自然に溢れたスポット満載"
            ),
            ・・・(必要な数のカードの表示数分データを作成する)・・・
        ]
    }
}
```

次に、Presenter側に定義した処理をViewController側で実行して、カード状のViewに表示する
データを取得して配置をするところまでの処理を解説します。viewDidLoadのタイミングで、ボタ
ンやレイアウトに関する基本的な処理と一緒にPresenterのインスタンスを作成とデータ取得処理
を実行します。

その後、取得できたデータを元に変数:itemCardViewListの個数をチェックし、個数が0個である
(すなわち画面上にカード状のViewがない)状態なら画面上にカード状のViewをデータの個数だ
け配置する処理を行います。

また配置処理の他に、カード状のViewには画像を拡大表示をするための画面に遷移するボタンが
含まれています。

これには、

・配置する段階で画面遷移を行うための処理

・カード状のViewの並び順、配置されているカード状のViewの一番上にあるものだけが
　　IPangestureRecognizerを受け付けるようにするUI全体のコントロールをするための処理

・奥に配置されているカード状のViewをほんの少しだけ縮小して奥行きを演出する処理

が加えられています。

これらの処理をひとつのメソッドで書くと読みづらいコードになるので、次のように処理単位で
メソッドを切り出します。

・addItemCardViews(_ travelModels: [TravelModel])

・enableUserInteractionToFirstItemCardView()

・changeScaleToItemCardViews(skipSelectedView: Bool = false)

適切な粒度でメソッドを切り出して、他の処理を行う際にも利用できるような形にしておくと読
みやすくなるでしょう。

図3.5: 取得したデータを元にカード状のViewを配置する処理に関する図解

図3.5のようにそれぞれの処理の関係性を考慮し、ViewController側の処理におけるカード状のViewの配置に関する処理をまとめるとリスト3.8のような形になります。

リスト3.8: ViewControllerの組み立て処理

```
class MainViewController: UIViewController {

    // カード表示用のViewを格納するための配列
    private var itemCardViewList: [ItemCardView] = []

    // TravelPresenterに設定したプロトコルを適用するための変数
    private var presenter: TravelPresenter!

    override func viewDidLoad() {
        super.viewDidLoad()

        setupNavigationController()
        setupTravelPresenter()
    }
```

第3章 Tinder風のUI 91

```swift
override func didReceiveMemoryWarning() {
    super.didReceiveMemoryWarning()
}

// MARK: - Private Function

// カードの内容をボタン押下時に実行されるアクションに関する設定を行う
@objc private func refreshButtonTapped() {
    presenter.getTravelModels()
}

private func setupNavigationController() {
    setupNavigationBarTitle("気になる旅行")

    var attributes = [NSAttributedString.Key : Any]()
    attributes[NSAttributedString.Key.font] = UIFont(
        name: "HiraKakuProN-W3", size: 13.0
    )
    attributes[NSAttributedString.Key.foregroundColor] = UIColor.white

    let rightButton = UIBarButtonItem(
        title: "再追加",
        style: .done,
        target: self,
        action: #selector(self.refreshButtonTapped)
    )
    rightButton.setTitleTextAttributes(attributes, for: .normal)
    rightButton.setTitleTextAttributes(attributes, for: .highlighted)
    self.navigationItem.rightBarButtonItem = rightButton
}

// Presenterとの接続に関する設定を行う
private func setupTravelPresenter() {
    presenter = TravelPresenter(presenter: self)
    presenter.getTravelModels()
}

// UIAlertViewControllerのポップアップ共通化を行う
private func showAlertControllerWith(title: String, message: String) {
    let singleAlert = UIAlertController(
        title: title, message: message, preferredStyle: .alert
```

92 | 第3章　Tinder風のUI

```swift
        )
        singleAlert.addAction(
            UIAlertAction(title: "OK", style: .default, handler: nil)
        )
        self.present(singleAlert, animated: true, completion: nil)
    }

    // 画面上にカード表示用のViewを追加 & 付随した処理を行う
    private func addItemCardViews(_ travelModels: [TravelModel]) {

        for index in 0..<travelModels.count {

            // ItemCardViewのインスタンスを作成してプロトコル宣言やタッチイベント等の初期設定
を行う
            let itemCardView = ItemCardView()
            itemCardView.delegate = self
            itemCardView.setModelData(travelModels[index])
            itemCardView.largeImageButtonTappedHandler = {

                // 画像の拡大縮小が可能な画面へ遷移する
                let storyboard = UIStoryboard(name: "Photo", bundle: nil)
                let controller = storyboard.instantiateInitialViewController()
                    as! PhotoViewController

                controller.setTargetTravelModel(travelModels[index])
                controller.modalPresentationStyle = .overFullScreen
                controller.modalTransitionStyle   = .crossDissolve

                self.present(controller, animated: true, completion: nil)
            }
            itemCardView.isUserInteractionEnabled = false

            // カード表示用のViewを格納するための配列に追加する
            itemCardViewList.append(itemCardView)

            // 現在表示されているカードの背面へ新たに作成したカードを追加する
            view.addSubview(itemCardView)
            view.sendSubviewToBack(itemCardView)
        }

        // MEMO: 配列(itemCardViewList)に格納されているViewのうち、先頭にあるViewのみを
```

第3章　Tinder風のUI　93

操作可能にする

```swift
    enableUserInteractionToFirstItemCardView()

    // 画面上にあるカードの山の拡大縮小比を調節する
    changeScaleToItemCardViews(skipSelectedView: false)
}

// 画面上にあるカードの山のうち、一番上にあるViewのみを操作できるようにする
private func enableUserInteractionToFirstItemCardView() {
    if !itemCardViewList.isEmpty {
        if let firstItemCardView = itemCardViewList.first {
            firstItemCardView.isUserInteractionEnabled = true
        }
    }
}

// 現在配列に格納されている(画面上にカードの山として表示されている)Viewの拡大縮小を調節する
private func changeScaleToItemCardViews(skipSelectedView: Bool = false) {

    // アニメーション関連の定数値
    let duration: TimeInterval = 0.26
    let reduceRatio: CGFloat = 0.03

    var itemCount: CGFloat = 0
    for (itemIndex, itemCardView) in itemCardViewList.enumerated() {

        // 現在操作中のViewの縮小比を変更しない場合は、以降の処理をスキップする
        if skipSelectedView && itemIndex == 0 { continue }

        // 後ろに配置されているViewほど小さく見えるように縮小比を調節する
        let itemScale: CGFloat = 1 - reduceRatio * itemCount
        UIView.animate(withDuration: duration, animations: {
            itemCardView.transform = CGAffineTransform(
                scaleX: itemScale, y: itemScale
            )
        })
        itemCount += 1
    }
}
```

94 　第3章　Tinder風のUI

```
// MARK: - TravelPresenterProtocol

extension MainViewController: TravelPresenterProtocol {

    // Presenterでデータ取得処理を実行した際に行われる処理
    func bindTravelModels(_ travelModels: [TravelModel]) {

        // 表示用のViewを格納するための配列「itemCardViewList」が空なら追加する
        if itemCardViewList.count > 0 {
            showAlertControllerWith(title: "まだカードが残っています", message: "画面か
らカードがなくなったら、\n再度追加をお願いします。\n※サンプルデータ計8件")
            return
        } else {
            addItemCardViews(travelModels)
        }
    }
}
```

　画面に対応するViewController側の処理については、*表示するためのデータ取得処理との連動を考慮した形にする点* 配置に関する処理においても、実行する処理の意図や属性に合わせて適度な分量でprivateメソッド等で分割する点を心がけて実装すると、全体が複雑な実装になったとしても、読みやすく意図が伝わりやすい実装になります。

3.5.2　カード状のViewに定義したプロトコルとの連携

　続いて、カード状のViewのクラスに定義したプロトコルと連動した処理に関する実装を解説します。

　カード状のViewのクラスには、前述したようにUIPanGestureRecognizerの状態やドラッグ処理で生じた変化の割合に対応した処理と連動するプロトコルが定義してあるので、配置側のViewControllerと連動する処理を実装する必要があります。

　配置側のViewControllerでは、カード表示用のViewを格納する配列で、現在画面上に配置されているカード状のViewと並び順（今回では配列のインデックスが大きい程後ろに配置される）を管理しています。そのため、左右へのスワイプを行なって画面からカードを消した場合には、画面の状態との整合性を取るためにカード表示用のViewを格納する配列の先頭の要素を消去しなければなりません。

　また画面に関する演出的な処理として、後ろに配置されていたカード状のViewを前に持ってくるアニメーションを実装する必要が出てきます。

　その際にカード状のViewを配置するために定義した、

・enableUserInteractionToFirstItemCardView()

・changeScaleToItemCardViews(skipSelectedView: Bool = false)

のふたつのメソッドを再び利用して、カード状のViewの動きと連動するような実装をします。

図3.6: ViewController側の処理と配置したカード状のViewの連動の図解

図3.6のようにそれぞれの処理の関係性を考慮すると、ViewController側の処理におけるカード状のViewで定義したプロトコルと連動する処理をまとめるとリスト3.9のような形になります。

リスト3.9: カード状のViewの状態と連動した処理

```
class MainViewController: UIViewController {

    // カード表示用のViewを格納するための配列
    private var itemCardViewList: [ItemCardView] = []

    ・・・(省略)・・・

    // 現在配列に格納されている(画面上にカードの山として表示されている)Viewの拡大縮小を調節する
    private func changeScaleToItemCardViews(skipSelectedView: Bool = false) {

        // アニメーション関連の定数値
        let duration: TimeInterval = 0.26
        let reduceRatio: CGFloat    = 0.03
```

```swift
        var itemCount: CGFloat = 0
        for (itemIndex, itemCardView) in itemCardViewList.enumerated() {

            // 現在操作中のViewの縮小比を変更しない場合は、以降の処理をスキップする
            if skipSelectedView && itemIndex == 0 { continue }

            // 後ろに配置されているViewほど小さく見えるように縮小比を調節する
            let itemScale: CGFloat = 1 - reduceRatio * itemCount
            UIView.animate(withDuration: duration, animations: {
                itemCardView.transform = CGAffineTransform(scaleX: itemScale, y:
itemScale)
            })
            itemCount += 1
        }
    }
}

// MARK: - ItemCardDelegate

extension MainViewController: ItemCardDelegate {

    // ドラッグ処理が開始された際にViewController側で実行する処理
    func beganDragging() {
        changeScaleToItemCardViews(skipSelectedView: true)
    }

    // ドラッグ処理中に位置情報が更新された際にViewController側で実行する処理
    func updatePosition(_ itemCardView: ItemCardView, centerX: CGFloat, centerY:
CGFloat)
    {
        // もしドラッグ処理中に実行したい処理があればここに記述する
    }

    // 左方向へのスワイプが完了した際にViewController側で実行する処理
    func swipedLeftPosition() {
        itemCardViewList.removeFirst()
        enableUserInteractionToFirstItemCardView()
        changeScaleToItemCardViews(skipSelectedView: false)
    }
```

```
    // 右方向へのスワイプが完了した際にViewController側で実行する処理
    func swipedRightPosition() {
        itemCardViewList.removeFirst()
        enableUserInteractionToFirstItemCardView()
        changeScaleToItemCardViews(skipSelectedView: false)
    }

    // 元の位置へ戻った際にViewController側で実行する処理
    func returnToOriginalPosition() {
        changeScaleToItemCardViews(skipSelectedView: false)
    }
}
```

　このように、表示するためのデータ取得との連動に加えてView単位で切り出した部品の状態との連動、表現や演出を考慮する必要があるUIを作る際は、愚直に実装してしまうと煩雑なコードになってしまいがちです。そこで、

　・適度なViewの切り出しや処理の橋渡しの関係性の設計
　・データの取得から画面への配置までの処理の流れに関する設計

の2点をしっかりと固めた上で実装をすることを心がけてください。そして、表現や演出に関するアニメーションの実装も実機で操作をした時の感覚を確認した上で部品の形状や速さを考慮しながら調整することで、より心地よいUI表現を見極めた実装ができるでしょう。

　ただ、1度の実装で「心地よい」と感じるさじ加減を見極めるのは困難です。まずは気になったアプリの操作を実際に体感する機会を増やし、その表現をある程度再現してみる練習を重ねていくと良いでしょう。

3.6　UIScrollViewを利用した画像表示の実装

　この節はおまけ的な内容ですが、今回作成したサンプルのカード状のViewには、サムネイル画像を拡大して表示できる画面があります。最後にこの部分の実装について解説します。

　簡易的なフォトギャラリー状のViewで2本指の操作（ピンチイン・ピンチアウト）で画像を拡大または縮小ができる画面を作成します。まずはStoryboardにUIScrollViewを配置し、上下左右:0（優先度:1000）の制約をつけます。そして、UIScrollViewの中に拡大縮小に対応するUIImageViewを配置し、次の手順で制約や画像表示等に関する設定を行います。またこのUIImageView内に表示するダミー画像については、大きめのものを準備しておくと良いでしょう。

　1．photoImageViewに対して、上下左右：0(優先度：1000)の制約をつける
　2．このままだと警告が出てしまうのでダミーの画像をInterfaceBuilder経由で入れておく
　3．photoImageViewの「Clip to Bounds」にチェックをつけておく
　4．photoImageViewのContentModeを「Aspect Fit」にしておく
　5．photoImageViewの「User Interaction Enabled」と「Multiple Touch」のチェックをはずす

6．photoScrollViewの「User Interaction Enabled」と「Multiple Touch」のチェックをつけておく
※これらの画像表示やインタラクションに関する設定はコードで行っても良いと思います。

　これらの準備ができたら、次にUIScrollViewDelegateを利用して拡大縮小比をコントロールする処理を実装していきます。

　この処理の概要は、まずUIScrollViewではプロパティーに現在時点と最小・最大の拡大縮小比を設定することができることを利用して、画面表示をした時点の拡大縮小比を算出します。そして、拡大または縮小が行われた際には、表示されている画像の実際のサイズを超えない範囲内で、Outlet接続を行なったUIScrollViewの中にあるUIImageViewの上下左右の制約の値を更新することで画像の拡大縮小を行います。

図3.7: UIScrollViewのレイアウトの設定に関する図解

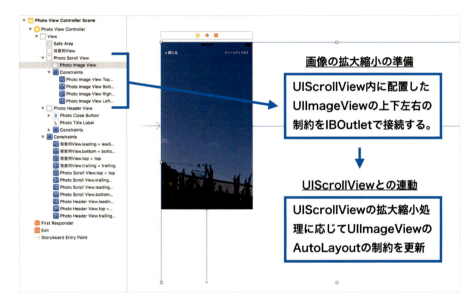

　図3.7のようにそれぞれの処理の関係性を考慮し、ViewController側の処理におけるカード状のViewで定義したプロトコルと連動する処理をまとめるとリスト3.10のような形になります。

リスト3.10: カード状のViewの画像を拡大する処理全体

```
class PhotoViewController: UIViewController {

    private var targetTravelModel: TravelModel!
```

第3章　Tinder風のUI　　99

```swift
    @IBOutlet weak private var photoScrollView: UIScrollView!
    @IBOutlet weak private var photoImageView: UIImageView!

    // ヘッダー位置に配置しているタイトルと閉じるボタンのViewに配置するもの
    @IBOutlet weak private var photoHeaderView: UIView!
    @IBOutlet weak private var photoCloseButton: UIButton!
    @IBOutlet weak private var photoTitleLabel: UILabel!

    // UIScrollViewの中にあるUIImageViewの上下左右の制約
    @IBOutlet weak private var photoImageViewTopConstraint: NSLayoutConstraint!
    @IBOutlet weak private var photoImageViewBottomConstraint:
NSLayoutConstraint!
    @IBOutlet weak private var photoImageViewRightConstraint: NSLayoutConstraint!
    @IBOutlet weak private var photoImageViewLeftConstraint: NSLayoutConstraint!

    override func viewDidLoad() {
        super.viewDidLoad()

        setupPhotoScrollView()
        setupPhotoHeaderView()
    }

    override func didReceiveMemoryWarning() {
        super.didReceiveMemoryWarning()
    }

    // MARK: - Function

    func setTargetTravelModel(_ travelModel: TravelModel) {
        targetTravelModel = travelModel
    }

    // MARK: - Private Function

    // 閉じるボタン押下時に実行されるアクションに関する設定を行う
    @objc private func closeButtonTapped() {
        self.dismiss(animated: true, completion: nil)
    }

    private func setupPhotoScrollView() {
        photoScrollView.delegate = self
```

```swift
        photoImageView.image = targetTravelModel.image
        initializePhotoImageViewScale(self.view.bounds.size)
    }

    private func setupPhotoHeaderView() {
        photoTitleLabel.text = targetTravelModel.title
        photoCloseButton.addTarget(
            self,
            action: #selector(self.closeButtonTapped),
            for: .touchUpInside
        )
    }

    // 画面に初回表示をした際の写真の拡大縮小比を設定する
    private func initializePhotoImageViewScale(_ size: CGSize) {

        // self.viewのサイズを元にUIImageViewに表示する画像の縦横比を取り小さい方を適用する
        let widthScale  = size.width / photoImageView.bounds.width
        let heightScale = size.height / photoImageView.bounds.height
        let minScale = min(widthScale, heightScale)

        // 現在時点と最小のUIScrollViewの拡大縮小比を設定する
        photoScrollView.minimumZoomScale = minScale
        photoScrollView.zoomScale = minScale
    }

    // UIScrollViewの中で拡大・縮小の動きに合わせて中のUIImageViewの大きさを変更する
    private func updatePhotoImageViewScale(_ size: CGSize) {

        // X軸方向のAutoLayoutの制約を加算する
        let xOffset = max(0, (size.width - photoImageView.frame.width) / 2)
        photoImageViewRightConstraint.constant = xOffset
        photoImageViewLeftConstraint.constant  = xOffset

        // Y軸方向のAutoLayoutの制約を加算する
        let yOffset = max(0, (size.height - photoImageView.frame.height) / 2)
        photoImageViewTopConstraint.constant    = yOffset
        photoImageViewBottomConstraint.constant = yOffset

        self.view.layoutIfNeeded()
    }
```

```swift
    // 拡大縮小比を元に拡大されているかを判定してヘッダー用のViewの表示・非表示を切り替える
    private func updatePhotoHeaderViewVisibility() {

        let expandedPhoto =
          (photoScrollView.zoomScale > photoScrollView.minimumZoomScale)
        photoHeaderView.isHidden = expandedPhoto
    }
}


// MARK: - UIScrollViewDelegate

extension PhotoViewController: UIScrollViewDelegate {

    // （重要）UIScrollViewのデリゲートメソッドの一覧：
    // 参考にした記事：よく使うデリゲートのテンプレート：
    // https://qiita.com/hoshi005/items/92771d82857e08460e5c

    // ズーム中に実行されてズームの値に対応する要素を返すメソッド
    func viewForZooming(in scrollView: UIScrollView) -> UIView? {
        return photoImageView
    }

    // ズームしたら呼び出されるメソッド
    // ※UIScrollView内のUIImageViewの制約を更新する為に使用する
    func scrollViewDidZoom(_ scrollView: UIScrollView) {
        updatePhotoImageViewScale(self.view.bounds.size)
        updatePhotoHeaderViewVisibility()
    }
}
```

　Tider風のUIは、ユーザーが「気に入ったアイテムを選択する」という動作に対して、楽しめる要素を盛り込みつつシンプルかつカジュアルに選択できる効果を持っているので、UI表現の例としてはとても興味深いものです。レコメンドされた、もしくはユーザーが関心のあるアイテムの中から「自分に合ったものや気に入ったもの」をシンプルに選択させる操作や、より多くのアイテムをユーザーに見てもらう効果を期待するアプリとは相性が良いでしょう。

UI系のライブラリーを活用する際の選択ポイントは？

筆者の個人的な所感ですが、ライブラリーのStar数やIssue数、更新頻度を加味する他に、
・実現したい表現や仕様に沿っているか？
・内部実装のシンプルさ・拡張の余地があるか？

・InterfaceBuilder の考慮がされているか？

・導入のしやすさや実際に簡単なサンプルを作成した際の肌感はどうか？

　という4点に関してはできるだけ注意深く調べるようにしています。特にアプリのメインとなる機能に関しては、ライブラリーを導入してそのまま実装する場合よりも、ライブラリーの内部実装を調べた上でforkしたものを利用する場合や、元のライブラリーの中でアプリ内で必要な機能だけを抜き出して再度実装し直したものを利用する場合もあります。

　また、開発初期の段階では導入して利用しますが、それ以降の改修やリファクタリングのタイミングで自前で実装する選択をすることも過去にはありました。

　どちらを選択するかの決め手は、設計はもちろんプロジェクトの事情等により変化するので一つに決めるのは難しいと思います。筆者の実務における開発でも、この判断についてはいつもワクワクしながらも「本当にこの判断で良いのか？」と頭を悩ませてしまう場面がいくつもありました。

　導入する前に実際に試して試行錯誤をする時間をできるだけ多く持つことや、中の実装を読み解いて自分なりにコメントを書き加えたりしながら実装を追っていく作業をすることで、開発しているアプリと照らし合わせたより良い判断ができるでしょう。

第4章　入力フォームの実装例

この章ではユーザーの情報入力を伴うよう UI 実装について解説します。この章で解説しているサンプルは、前章までに紹介したサンプルよりも UI 表現に関する実装は少なめです。しかし、ユーザーの情報入力に関してや、部品となる View の再利用と処理の橋渡しについて考慮する点に重点を置いています。愚直に実装すると煩雑なコードや UI 構造になりがちな部分ですが、ユーザーとの接点にもなる大切な部分です。UI のわかりやすさと実装のしやすさを両立した実装が求められる、奥が深い例のひとつだと思います。

4.1　入力に関するView部品の実装

　まずはそれぞれの入力フォームの部品となる View の作成から行います。今回のサンプルもこれまでの章と同様に、View 要素に切り出したパーツを InterfaceBuilder で取り扱うことができるように、xib ファイルと Swift ファイルを作成した後に AutoLayout で制約をつけていきます。そこから部品に切り出した View 要素に対しての初期設定やプロトコルを定義しますが、この部分についての実装をまず解説します。

　今回の入力フォームで使用する View 部品については、できるだけ再利用がしやすい形を考慮しています。またどのような用途でこの入力フォームで使用するかという情報を受け取れる様に、Enum 等（本サンプルでは FormTypes.swift へ「リスト 4.1」のような形でまとめています）に使い道に関する分類を定義しておくと、より綺麗にコード内で管理ができます。

リスト 4.1: フォームの入力種別に関する Enum 定義

```
import Foundation

// フォームの用途を定義したenum

// テキストフィールドの種類
enum TextFieldType {
    case inputName
    case inputAddress
    case inputTelephone
    case inputMailaddress


    func getTag() -> Int {
        switch self {
```

104　第4章　入力フォームの実装例

```
        case .inputName:
            return 1
        case .inputAddress:
            return 2
        case .inputTelephone:
            return 3
        case .inputMailaddress:
            return 4
        }
    }
}

// スイッチの種類
enum SwitchType {
    case agreement
    case allowTelephone
    case allowMailMagazine

    func getTag() -> Int {
        switch self {
        case .agreement:
            return 1
        case .allowTelephone:
            return 2
        case .allowMailMagazine:
            return 3
        }
    }
}
```

　※ View部品の実装における準備部分の実装に関しては、第2章の「View実装に関するTips集」にXibを使用した部品単位のView分割の方法と同様の方法を利用しています。また、この章で利用しているExtension類等についても、第2章の中で使用したものとほとんど同じものを利用しています。

4.1.1　フォームの入力や選択用のView部品

　まずは、名前やメールアドレス等の情報を入力するためのUITextFieldと、入力に関連するラベル等をひとまとめにしたView部品に関して解説します。このXibファイル内には、ユーザーが入力するためのUITextFieldに加えて、タイトルや説明文言・必須項目か否かのラベルをひとまとめにして配置します。本サンプルにはありませんが、説明文の様に複数行の表示になる可能性がある部

品については、コードで属性を付与できる様に考慮しておくと良いでしょう。

　また、このViewにはUITextField内に入力されているテキストが変更された際に、配置している
ViewControllerとのを橋渡しするためのプロトコルを定義し、UITextField内の値の変化に応じて
配置したViewController側へ処理の橋渡しができる様にします。プロトコルの橋渡し以外で配置し
ているViewController側での設定する処理に関しては、このViewクラス内にメソッドを作成する
ことで、配置しているViewController側での用途やタイトル等の情報を設定できるようにします。

　具体的なコードにはリスト4.2の形になります。

リスト4.2: 文字入力用のView部品のコード

```swift
import Foundation
import UIKit


protocol FormInputTextFieldDelegate: NSObjectProtocol {

    // テキストフィールドの入力を変更した際の処理
    func getInputTextByTextFieldType(_ text: String, type: TextFieldType)
}


class FormInputTextFieldView: CustomViewBase {

    weak var delegate: FormInputTextFieldDelegate?

    private var textFieldType: TextFieldType!

    @IBOutlet weak private var titleLabel: UILabel!
    @IBOutlet weak private var remarkLabel: UILabel!
    @IBOutlet weak private var descriptionLabel: UILabel!
    @IBOutlet weak private var inputTextField: UITextField!


    // MARK: - Initializer

    required init(frame: CGRect) {
        super.init(frame: frame)

        setupFormInputTextFieldView()
    }

    required init?(coder aDecoder: NSCoder) {
        super.init(coder: aDecoder)

        setupFormInputTextFieldView()
```

106 　第4章　入力フォームの実装例

```swift
}

// MARK: - Function

func setType(_ type: TextFieldType) {
    textFieldType = type

    var keyboardType: UIKeyboardType
    var contentType: UITextContentType
    switch textFieldType {
    case .inputName?:
        contentType = .name
        keyboardType = .default
    case .inputAddress?:
        contentType = .fullStreetAddress
        keyboardType = .default
    case .inputTelephone?:
        contentType = .telephoneNumber
        keyboardType = .numberPad
    case .inputMailaddress?:
        contentType = .emailAddress
        keyboardType = .emailAddress
    default:
        fatalError()
    }
    inputTextField.textContentType = contentType
    inputTextField.keyboardType = keyboardType
}

func setTitle(_ text: String) {
    titleLabel.text = text
}

func setRemark(_ text: String, isRequired: Bool = false) {
    if isRequired {
        remarkLabel.textColor = UIColor(code: "#ff0000")
    } else {
        remarkLabel.textColor = UIColor(code: "#666666")
    }
    remarkLabel.text = text
}
```

第4章　入力フォームの実装例　107

```swift
    func setDescription(_ text: String) {
        descriptionLabel.text = text
    }

    func setPlaceholder(_ text: String) {
        inputTextField.placeholder = text
    }

    // MARK: - Private Function

    @objc func textFieldDidChange(sender: UITextField) {
        if let targetText = inputTextField.text {
            self.delegate?.getInputTextByTextFieldType(targetText, type:
textFieldType)
        }
    }

    private func setupFormInputTextFieldView() {
        inputTextField.addTarget(
            self,
            action: #selector(self.textFieldDidChange(sender:)),
            for: .editingChanged
        )
    }
}
```

　次に、質問事項について「はい・いいえ」の選択をするためのUISwitchと、関連するラベル等を
ひとまとめにしたView部品に関して解説します。

　この部分に関しても、前述のViewの作成方法とほぼ同様の方針で実装します。すなわち、

・UISwitchの選択が変更された際に、配置したViewControllerとの橋渡しするためのプロトコルを
　定義
・UISwitchのBool値の変化に応じて配置しているViewController側へ処理の橋渡しができる様に
・このViewクラス内にメソッドを作成することで、配置しているViewController側で質問の文言
　等を設定

というものです。

　具体的なコードはリスト4.3の形になります。

リスト4.3: 「はい・いいえ」の選択用のView部品のコード

```swift
import Foundation
import UIKit

protocol FormInputSwitchDelegate: NSObjectProtocol {

    // テキストフィールドの入力を変更した際の処理
    func getStatusBySwitchType(_ isOn: Bool, type: SwitchType)
}

class FormInputSwitchView: CustomViewBase {

    weak var delegate: FormInputSwitchDelegate?

    private var switchType: SwitchType!

    @IBOutlet weak private var titleLabel: UILabel!
    @IBOutlet weak private var remarkLabel: UILabel!
    @IBOutlet weak private var inputSwitch: UISwitch!

    // MARK: - Initializer

    required init(frame: CGRect) {
        super.init(frame: frame)

        setupFormInputSwitchView()
    }

    required init?(coder aDecoder: NSCoder) {
        super.init(coder: aDecoder)

        setupFormInputSwitchView()
    }

    // MARK: - Function

    func setType(_ type: SwitchType) {
        switchType = type
    }

    func setTitle(_ text: String) {
        titleLabel.text = text
```

第4章　入力フォームの実装例

```swift
    }

    func setRemark(_ text: String, isRequired: Bool = false) {
        if isRequired {
            remarkLabel.textColor = UIColor(code: "#ff0000")
        } else {
            remarkLabel.textColor = UIColor(code: "#666666")
        }
        remarkLabel.text = text
    }

    // MARK: - Private Function

    @objc private func switchStateChanged(sender: UISwitch) {
        self.delegate?.getStatusBySwitchType(sender.isOn, type: switchType)
    }

    private func setupFormInputSwitchView() {
        inputSwitch.isOn = false
        inputSwitch.onTintColor = UIColor(code: "#6db5a9")
        inputSwitch.tintColor    = UIColor(code: "#eeeeee")
        inputSwitch.addTarget(
            self,
            action: #selector(self.switchStateChanged(sender:)),
            for: .valueChanged
        )
    }
}
```

　このように、ユーザーの入力や選択を伴うような形のフォームについて、個別のView部品に切り出し、配置したViewController側でプロトコルによる橋渡しと連動する構成にすることで、処理の流れやそれぞれの細かな部品の関係性を整理した状態で実装できます。

　ここで紹介したふたつのView部品におけるInterfaceBuilderでの見え方は図4.1のような形になります。

110　　第4章　入力フォームの実装例

図 4.1: このふたつのユーザー入力に関する View 部品の見た目

ユーザーの入力用UITextFieldと連携した部分のXibファイル

ユーザーの選択用UISwitchと連携した部分のXibファイル

特に、UITextFieldに関するものをまとめたView部品に関しては、タイプに関するEnumの値を設定することによってこのView部品が何を入力するための用途かを決めています。そして、設定されたタイプに応じたキーボードの種類や入力する際の補完する値（[1]iOS10から追加されたUITextContentType）にすることで、よりユーザーの入力がしやすくなる配慮となります。さらに実装のしやすさに対しての配慮についても心がけると、より柔軟な対応ができるでしょう。

4.1.2 個数を入力するためのView部品

次に、個数を入力するための数の増加や減少を扱うView部品について解説します。この部分には、個数の増加と減少を操作するためのUIButtonと現在の個数を表示するラベルが配置されています。また、他の入力に関するView部品との同様に、タイトルや説明文言、必須項目か否かのラベルをひとまとめにしておくことやクラス内にメソッドを作成することで、配置したViewController側での用途やタイトル等の情報を設定できるようにします。

個数の増加と減少を操作するためのUIButtonは、ViewControllerとのを橋渡しするために定義したプロトコルのメソッドを実行すると同時に、個数の表示がCoreAnimationを活用したボタンと連動して、ページ送りの様に変化する実装を加えています。

---

1. 参考：https://dev.classmethod.jp/smartphone/iphone/ios-10-ui-text-content-type/

具体的なコードはリスト4.4の形になります。

リスト4.4: 個数入力カウンターのView部品のコード

```
import Foundation
import UIKit

protocol FormInputCounterDelegate: NSObjectProtocol {

    // カウンターを押した際の処理
    func getCounterValue(_ counter: Int)
}

class FormInputCounterView: CustomViewBase {

    // FormInputCounterDelegateの宣言
    weak var delegate: FormInputCounterDelegate?

    private var counter: Int = 0
    private var minimunCount: Int = 0
    private var maximunCount: Int = 100

    @IBOutlet weak private var titleLabel: UILabel!
    @IBOutlet weak private var remarkLabel: UILabel!
    @IBOutlet weak private var descriptionLabel: UILabel!

    @IBOutlet weak private var counterLabel: UILabel!
    @IBOutlet weak private var decrementButton: UIButton!
    @IBOutlet weak private var incrementButton: UIButton!

    // MARK: - Initializer

    required init(frame: CGRect) {
        super.init(frame: frame)

        setupFormInputCounterView()
    }

    required init?(coder aDecoder: NSCoder) {
        super.init(coder: aDecoder)

        setupFormInputCounterView()
    }
```

112 　第4章　入力フォームの実装例

```swift
// MARK: - Function

func setTitle(_ text: String) {
    titleLabel.text = text
}

func setRemark(_ text: String, isRequired: Bool = false) {
    if isRequired {
        remarkLabel.textColor = UIColor(code: "#ff0000")
    } else {
        remarkLabel.textColor = UIColor(code: "#666666")
    }
    remarkLabel.text = text
}

func setDescription(_ text: String) {
    descriptionLabel.text = text
}

func setCountLimit(minimum: Int, maximum: Int) {
    minimunCount = minimum
    maximunCount = maximum
}

// MARK: - Private Function

@objc private func incrementButtonTapped(sender: UIButton) {
    if counter >= maximunCount {
        return
    }
    counter = counter + 1
    setCounterLabelWithAnimation(isIncrement: true)
    self.delegate?.getCounterValue(counter)
}

@objc private func decrementButtonTapped(sender: UIButton) {
    if counter <= minimunCount {
        return
    }
    counter = counter - 1
```

第4章　入力フォームの実装例 ｜ 113

```swift
        setCounterLabelWithAnimation(isIncrement: false)
        self.delegate?.getCounterValue(counter)
    }

    private func setupFormInputCounterView() {

        // ボタン押下時のアクションの設定
        decrementButton.layer.masksToBounds = true
        decrementButton.layer.cornerRadius = 19.0
        decrementButton.addTarget(
            self,
            action: #selector(self.decrementButtonTapped(sender:)),
            for: .touchUpInside
        )

        incrementButton.layer.masksToBounds = true
        incrementButton.layer.cornerRadius = 19.0
        incrementButton.addTarget(
            self,
            action: #selector(self.incrementButtonTapped(sender:)),
            for: .touchUpInside
        )
    }

    private func setCounterLabelWithAnimation(isIncrement: Bool = true) {

        // アニメーション対象のViewの親にあたるViewをマスクにする
        counterLabel.superview?.layer.masksToBounds = true

        // カウント数を反映する
        counterLabel.text = String(counter)

        // アニメーションの設定を行う
        let transition = CATransition()
        transition.type = CATransitionType.push
        transition.duration = 0.16
        transition.timingFunction = CAMediaTimingFunction(
            name: CAMediaTimingFunctionName.easeInEaseOut
        )

        var key: String
```

114 | 第4章 入力フォームの実装例

```swift
    if isIncrement {
        transition.subtype = CATransitionSubtype.fromRight
        key = "next"
    } else {
        transition.subtype = CATransitionSubtype.fromLeft
        key = "previous"
    }

    counterLabel.layer.removeAllAnimations()
    counterLabel.layer.add(transition, forKey: key)
  }
}
```

　このように、ワンポイントになりそうな部分に細かなアニメーションをデザインに合わせた形で加えることによって、ユーザーの入力がより楽しくなったり、視覚的により伝わる表現が作成可能です。

　ここでご紹介したView部品におけるInterfaceBuilderでの見え方とView構造のポイントは、図4.2の形になります。

図4.2: 個数の入力に関するView部品の見た目

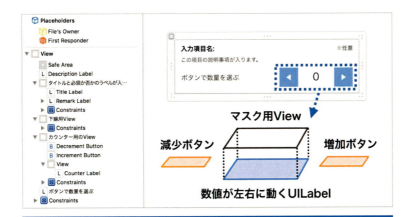

個数の増減を入力するボタンと連携した部分のXibファイル

第4章　入力フォームの実装例　115

入力項目については、量や種類に応じた画面のデザインとのバランス等はもちろんですが、画面の実装が複雑かつ類似したView構造になりやすい例です。本サンプルはそれほど複雑な形式ではありませんが、もし項目が多くなったり項目間の連動に関する考慮が必要となった場合に、ひとつの画面内に部品を押し込めたり、処理をひとつのViewController内にに押し込めると、修正や調整が困難になります。

特にユーザーの入力に関する部分でそのような事態を防ぐために、予め実装や調整を考慮した粒度のView部品に分解した実装をしておくことで、部品単位での調整をしやすくする様な形を意識し、ユーザーにも実装者にも優しい形のUI実装になります。

構成するView部品の粒度に関しては、開発されているアプリのUI次第にはなりますが、プロジェクトに携わるエンジニア・デザイナーとも相談し、早い段階で決めておくと良いでしょう。

4.1.3 UITableViewを扱いやすくする

この部分の実装に関しては、第2章の「UICollectionViewを扱いやすくする」で紹介したExtensionのUITableView版のものになります。

本サンプルでUITableViewを使うのは、

・最初の画面における一覧表示の部分

・フォーム入力部分でユーザーがデータを1件選択する部分

の2箇所だけですが、アプリによっては様々な画面でUICollectionView同様にUITableViewを利用する場面は良くあるでしょう。独自のデザインを適用したUITableViewCellを継承したクラスを作成することも良くあるので、新しいアプリを作成する際やリファクタリングの時、この様に便利な処理を共通化・簡素化する配慮をしておきましょう。

使用するセルの登録とインスタンス作成時の処理に、リスト4.5のような形で簡略化するための処理になります。

リスト4.5: UITableView関連の処理を拡張する

```
// 1. NSObjectProtocolExtension.swift


// NSObjectProtocolの拡張
extension NSObjectProtocol {

    // クラス名を返す変数"className"を返す
    static var className: String {
        return String(describing: self)
    }
}


// 2. UITableViewExtension.swift


// UITableViewCellの拡張
```

116 | 第4章 入力フォームの実装例

```swift
extension UITableViewCell {

    // 独自に定義したセルのクラス名を返す
    static var identifier: String {
        return className
    }
}


// UITableViewの拡張
extension UITableView {

    // 作成した独自のカスタムセルを初期化するメソッド
    func registerCustomCell<T: UITableViewCell>(_ cellType: T.Type) {
        register(
            UINib(nibName: T.identifier, bundle: nil),
            forCellReuseIdentifier: T.identifier
        )
    }

    // 作成した独自のカスタムセルをインスタンス化するメソッド
    func dequeueReusableCustomCell<T: UITableViewCell>(with cellType: T.Type) ->
T {
        return dequeueReusableCell(withIdentifier: T.identifier) as! T
    }
}
```

4.2　使用したライブラリーのご紹介

　この章で紹介しているサンプルも、フォーム部分に関連した処理に関する実装はできるだけライブラリーを活用しない実装にしています。ただし、UIのワンポイントとなりそうな部分については第2章で紹介したFontAwesome.swiftの他、2種類のサードパーティー製のUIライブラリーを部分的に活用してUIを実装しています。

　ここでは本サンプルを作成する際に用いたライブラリーについて簡単に紹介します。

4.2.1　KYNavigationProgressのご紹介

　本サンプルで実装しているフォームは、初めから終わりまでが合計3画面ある構成になっています。これを視覚的に、現在位置の把握ができるようにする表示に関する実装を考えてみます。

　この部分はデザインに応じてその表現や動きは異なりますが、今回はできるだけシンプルかつUIPageViewControllerの処理との相性が良さから「KYNavigationProgress」というNavigationBar

の下にプログレスバーを付与するライブラリーを利用しました。

- 【KYNavigationProgress ★218】
    —https://github.com/ykyouhei/KYNavigationProgress

KYNavigationProgressのメリットとしては、UINavigationControllerと併せて利用する際にNavigationBarの下に進捗度合いを表すプログレスバーの様な表示を簡単に行うことができる点です。今回の入力フォーム部分のUIでは、UIPageViewControllerを利用して左右にスワイプすることで入力項目を前に戻したり次へ進めたりしているので、フォームの現在位置がどこにあるか、図4.3のように視覚的な形で表現できます。

図4.3: KYNavigationProgressを用いた進捗表示UI

NavigationBarの直下に進捗表示用のProgressBarを表示

今回は、UIPageViewControllerを配置したViewControllerからUIPageViewControllerDelegateの処理や、次へ進むボタン押下のタイミングに合う様に実装します。具体的なコードはリスト4.6の形になります。表示位置は限定されてしまいますが、プログレスバーの配色や太さに関するデザインに関する部分はもちろん、アニメーションの有無等も設定できます。

リスト4.6: KYNavigationProgressをを利用した実装

```
class FormViewController: UIViewController {

    ・・・(省略)・・・
```

```swift
    override func viewDidLoad() {
        super.viewDidLoad()

        ・・・(画面の初期表示等に関する処理を実行)・・・

        setupKYNavigationProgress()
    }

    ・・・(省略)・・・

    // この画面のナビゲーションバー下アニメーションの設定
    private func setupKYNavigationProgress() {
        self.navigationController?.progress = 0.0
        self.navigationController?.progressTintColor
            = UIColor.init(code: "#44aeea", alpha: 1.0)
        self.navigationController?.trackTintColor
            = UIColor.init(code: "#eeeeee", alpha: 1.0)
    }

    // KYNavigationProgressの動かす位置を設定する
    private func setKYNavigationProgressRatio() {
        let ratio = Float(selectedTag) / Float(targetViewControllerLists.count -
1)
        self.navigationController?.setProgress(ratio, animated: true)
    }
}

// MARK: - UIPageViewControllerDelegate, UIPageViewControllerDataSource

extension FormViewController: UIPageViewControllerDelegate,
    UIPageViewControllerDataSource {

    // ページが動いた際（この場合はスワイプアニメーション時）に発動する処理を記載するメソッド
    func pageViewController(_ pageViewController: UIPageViewController,
        didFinishAnimating finished: Bool,
        previousViewControllers: [UIViewController],
        transitionCompleted completed: Bool) {

        // スワイプアニメーションが完了していない時には処理をさせなくする
        if !completed { return }
```

第4章　入力フォームの実装例　119

```
        // ここから先はUIPageViewControllerのスワイプアニメーション完了時に発動する
        if let targetViewControllers = pageViewController.viewControllers {
            if let targetViewController = targetViewControllers.last {

                ・・・(受け取ったインデックス値を元にコンテンツ表示を更新)・・・

                setKYNavigationProgressRatio()
            }
        }
    }
    ・・・(省略)・・・
}
```

　このように、UINavigationControllerのnavigationControllerプロパティーと連動できるので、取り扱いがしやすくなりました。本サンプルではできるだけ表示スペースを確保したかった点や、画面のデザインを邪魔しないシンプルな形にしたかったためにこのライブラリーを活用しました。このような進捗表示に関するライブラリーは他にもあるので、同様なライブラリーを導入する際は、開発するUIのデザインや実装している処理との相性を考慮すると良い選択ができるでしょう。

4.2.2　Popoverの紹介

　本サンプルで、一番下にメニューに関するボタンを設置していますが、この部分の押下時、矢印付きの吹き出しの表示時に背景のグレーアウトを伴ってポップアップメニューを表示させる表現をしています。ここでの吹き出し内のボタンはふたつだけですが、ポップアップ中のViewの差し替える対応がしやすそうな点や、吹き出しの矢印表示が考慮されていたので「Popover」という吹き出し風のポップアップ表示のライブラリーを利用しました。

・ 【Popover ★1519】
　　─https://github.com/corin8823/Popover
　Popoverのメリットは、吹き出し状の表現やアニメーションが綺麗な点に加えて、細かな調整やカスタマイズを加える余地がある点です。また、ポップアップ表示の中身を差し替えることにも考慮されています。今回のようにメニューボタンの補助となる表現だけではなく、新機能のお知らせをするためのポップアップ表示等にも活用できます。表示したい箇所の位置を指定してポップアップを表示する場合は、図4.4の形で表現されます。

図4.4: Popoverを用いた吹き出し表示UI

Popoverの特徴
① ポップアップ内に表示したいView要素を別途作成して連携する。
② 吹き出しの矢印の大きさや向き等のデザイン面で細かな設定が可能。

Popoverを用いたメニュー用のボタン付のポップアップ表示

今回は、画面下部に配置された「メニューを開く」ボタンのちょうど中心となる位置から吹き出しが表示されるような形で実装していきます。具体的なコードはリスト4.7の形になります。ポップアップの吹き出しの大きさや表示開始をする位置、吹き出し矢印の大きさなども細かく設定できるので、実現したい表現に合わせたカスタマイズも考慮されています。

リスト4.7: Popoverをを利用した実装

```
class MainViewController: UIViewController {

    ・・・(対象の実装以外の部分は省略)・・・

    override func viewDidLoad() {
        super.viewDidLoad()

        ・・・(対象の実装以外の部分は省略)・・・
        setupReservationMenuButtonView()
    }

    ・・・(対象の実装以外の部分は省略)・・・
```

```swift
// メニューボタンに関する設定をする
private func setupReservationMenuButtonView() {
    reservationMenuButtonView.menuButtonTappedHandler = {
        self.showMenuPopover()
    }
}


// Popover内で表示する内容を作成する（矢印の下部分のサイズを考慮）
private func showMenuPopover() {
    let withArrowView = UIView(frame: CGRect(x: 0, y: 0, width: 260, height:
196))
    let reservationMenuContentsView = ReservationMenuContentsView(
        frame: CGRect(x: 0, y: 0, width: 260, height: 180)
    )
    withArrowView.addSubview(reservationMenuContentsView)

    // メニューボタン押下時のポップアップ開始位置を算出する
    let safeAreaBottom =
      UIApplication.shared.keyWindow?.rootViewController?
      .view.safeAreaInsets.bottom ?? 0
    let centerX = UIScreen.main.bounds.width / 2
    let centerY =
      UIScreen.main.bounds.height - reservationMenuButtonView.frame.height /
2
        - safeAreaBottom
    let startPopoverPoint = CGPoint(x: centerX, y: centerY)

    // Popover表示のオプションを設定し表示する
    let options: [PopoverOption] = [
        .type(.up), .arrowSize(CGSize(width: 16, height: 12))
    ]
    let popover = Popover(options: options, showHandler: nil, dismissHandler:
nil)
    popover.show(withArrowView, point: startPopoverPoint)

    // Popover内で展開されているViewのボタン押下時の処理
    reservationMenuContentsView.addReservationButtonTappedHandler = {
        popover.dismiss()

        // フォーム画面へ遷移する
        self.performSegue(withIdentifier: "goForm", sender: nil)
```

```
        }
        reservationMenuContentsView.showGithubButtonTappedHandler = {
            popover.dismiss()

            // SFSafariViewControllerで該当のリンク先を表示する
            if let url = URL(
                    string: "https://github.com/fumiyasac/ios_ui_recipe_showcase"
            ) {
                let vc = SFSafariViewController(url: url)
                self.present(vc, animated: true, completion: nil)
            }
        }
    }
}
```

　アプリ開発においても、新機能の周知等様々なタイミングでポップアップを表示する処理をすることは多いかと思います。ただ表示するだけであれば原理自体はさほど難しい実装ではありません。しかし、細かなアニメーション表現や、配置する位置の指定が必要な場合に都合よく共通化できる処理やViewを作成するのはなかなか大変です。UI表現に関するライブラリーを選定する際には、見た目の綺麗さと合わせて、カスタマイズの余地やViewにおける設定可能な部分の柔軟さ等も考慮すると良いでしょう。

4.3　UITableViewを利用した表現Tipsの紹介

　ここからは、本サンプルでコンテンツを表示している画面の実装を説明します。起動して最初に表示される画面は、一見するとシンプルにセルが配置されているだけのように見えます。そのセルと押下すると、アコーディオンの様な形で非表示になっていた詳細な情報を表示しますが、この表現を実現するための実装を紹介します。ブラウザーで表示するWebサイトやスマホ向けサイト等では良く見かける表現ですが、このような動きをUITableViewを活用して実現する場合には、実装に一工夫を加える必要が出てきます。

4.3.1　アコーディオン型の開閉する表現を実装する

　このようなアコーディオン型の開閉表現をするUITableViewを実装する場合は、まずはUITableViewのヘッダーとセルの関係性について考える必要があります。本サンプルでの実装では、

- ・UITableViewのヘッダー部分には、デフォルトの状態でも表示されていたいタイトル等の概要に関する情報
- ・ヘッダー部分をタップした際に表示されるUITableViewCell部分には、サムネイル画像や文章コンテンツ等の詳細に関する情報

第4章　入力フォームの実装例　　123

という構造にして、「表示したい1項目に対してヘッダーとセルがひとつずつ存在する」形を取る様にしています。また、UITableViewのヘッダーをそのまま配置しただけではUITableViewのスクロールに合わせて付いてくる形になってしまいます。これを防ぐため、UITableViewは、Interface Builder上で「StyleをGrouped」に設定をしておきます。実装の前段階における準備に関する図解は図4.5の形になります。

図4.5: アコーディオン型の開閉する表現をするための画面やViewに関する前準備

ここからは、ヘッダー部分のViewのタップした際にUITableViewCellの表示・非表示が切り替わる処理の実装を説明します。コンテンツの開閉処理が可能な形にするため、ヘッダー部分のViewに対してタップ検知を行うためにUITapGestureRecognizerを付与します。次にUITableViewに表示するデータについて、セクションごとの開閉情報は変数「sectionEventLists: [(extended: Bool, event: EventEntity)]」に持たせるようにし、UITapGestureRecognizerが発動したタイミングで開閉のフラグを更新すると同時にセクションの更新処理を行います。そしてこのタイミングで、セクションごとの表示情報を前述の変数に定義したextendedの値に応じてセクション内に表示するセル数を変更し、この表現を実現しています。具体的なコードはリスト4.8のようになります。

リスト4.8: アコーディオン型の開閉処理に関する実装

```swift
class MainViewController: UIViewController {

    // セクションごとに分けられたイベントデータを格納する変数
    private var sectionEventLists: [(extended: Bool, event: EventEntity)] = []

    @IBOutlet weak private var eventTableView: UITableView!

    ・・・(対象の実装以外の部分は省略)・・・

    override func viewDidLoad() {
        super.viewDidLoad()

        ・・・(対象の実装以外の部分は省略)・・・

        setupEventTableView()
    }

    override func didReceiveMemoryWarning() {
        super.didReceiveMemoryWarning()
    }

    // MARK: - Private Function

    // TapGestureRecognizerが発動した際に実行されるアクション
    @objc private func eventHeaderViewTapped(sender: UITapGestureRecognizer) {

        guard let headerView = sender.view as? EventHeaderView else {
            return
        }

        // 該当セクションの値をタグから取得する
        let section = Int(headerView.tag)

        // 該当セクションの開閉状態を更新する
        let changedStatus = !sectionEventLists[section].extended
        sectionEventLists[section].extended = changedStatus

        // 該当セクション番号のUITableViewを更新する
        eventTableView.reloadSections(
            NSIndexSet(index: section) as IndexSet, with: .automatic
        )
```

```swift
    }

    // MEMO: Interface Builder上で「StyleをGrouped」にすることを忘れずに！
    private func setupEventTableView() {
        eventTableView.delegate = self
        eventTableView.dataSource = self
        eventTableView.estimatedRowHeight = 260.0
        eventTableView.rowHeight = UITableView.automaticDimension
        eventTableView.delaysContentTouches = false
        eventTableView.registerCustomCell(EventTableViewCell.self)

        // 表示したいイベントデータを反映する
        let events = EventModel.getAllEvents()
        sectionEventLists = events.map{ (extended: false, event: $0) }
        eventTableView.reloadData()
    }

    ・・・(対象の実装以外の部分は省略)・・・
}

// MARK: - UITableViewDelegate, UITableViewDataSource

extension MainViewController: UITableViewDelegate, UITableViewDataSource {

    // セクションの個数を設定する（※今回の仕様は「1section = 1cell」の関係）
    func numberOfSections(in tableView: UITableView) -> Int {
        return sectionEventLists.count
    }

    // セクションのヘッダーに関する設定をする
    func tableView(_ tableView: UITableView,
        viewForHeaderInSection section: Int) -> UIView? {
        let headerView = EventHeaderView(
            frame: CGRect(
                x: 0,
                y: 0,
                width: tableView.frame.width,
                height: EventHeaderView.viewHeight
            )
        )
```

```swift
        // ヘッダーに表示するデータ等の設定をする
        let extended = sectionEventLists[section].extended
        let event = sectionEventLists[section].event
        headerView.tag = section
        headerView.shouldExtended(extended)
        headerView.setHeader(event)

        // UITapGestureRecognizer を付与する
        let tapGestureRecognizer = UITapGestureRecognizer(
            target: self,
            action: #selector(self.eventHeaderViewTapped(sender:))
        )
        headerView.addGestureRecognizer(tapGestureRecognizer)
        return headerView
    }


    // セクションのヘッダーの高さを設定する
    func tableView(_ tableView: UITableView,
        heightForHeaderInSection section: Int) -> CGFloat {
        return EventHeaderView.viewHeight
    }


    // MEMO: UITableViewの「StyleをGrouped」にした場合にフッターの隙間ができる現象の回避用
    func tableView(_ tableView: UITableView,
        heightForFooterInSection section: Int) -> CGFloat {
        return CGFloat.leastNormalMagnitude
    }


    // セクションに配置するセルの個数を設定する
    func tableView(_ tableView: UITableView,
        numberOfRowsInSection section: Int) -> Int {

        // 変数:extendedの状態に応じて表示する個数を決める
        if sectionEventLists.count > 0 {
            return sectionEventLists[section].extended ? 1 : 0
        } else {
            return 0
        }
    }


    // セルに関する設定をする
```

第4章　入力フォームの実装例　127

```swift
    func tableView(_ tableView: UITableView, cellForRowAt indexPath: IndexPath)
        -> UITableViewCell {
        let cell = tableView.dequeueReusableCustomCell(with:
EventTableViewCell.self)
        let event = sectionEventLists[indexPath.section].event
        cell.setCell(event)
        return cell
    }
}
```

　Webサイト等では見られるUI表現ですが、iOSアプリ内でのUI実装に置き換えると、実現に少し工夫が必要になる場合もあります。その場合も、細かな処理の組み合わせやUIKitの特性を上手に利用することで、実現する余地を探りながら試していくと良いでしょう。また、表現としては綺麗だけどiOSのUIのセオリーから少し外れる可能性がありそうな表現を実装する場合は、本格的に導入する前に、実装の実現性についての検証と画面との相性の良さ等も選択時の観点として持つようにしておくとさらに良いかもしれません。

4.4　入力フォームの部分に関する画面実装

　最後に、本サンプルのメイン部分である、入力フォーム画面に関する実装を見てみます。本サンプルのフォームには、大きな縦長のひとつのフォームにユーザーが入力するための項目を展開する方式ではなく、適度な分量の段階で3つの画面に分割し、図4.6のような形でUIPageViewControllerを経由して表示させるようにしています。

128　　第4章　入力フォームの実装例

図4.6: それぞれのフォームを構成する画面に関する図解

① 前の項目に戻ったり、次の項目に進んだりするコントロールが容易。
② UINavigationControllerで繋ぐ場合より入力した値の考慮が容易。

それぞれのフォーム項目画面をUIPageViewControllerで表示

　本サンプルで、分割した3つのフォーム要素の画面をUINavigationControllerで繋げる形はなく、UIPageViewControllerで表示することにした理由は、
・フォーム画面要素用のViewControllerの順番の変更が容易
・任意の入力画面から前の画面へ戻る際の考慮がしやすい
・現在導入しているプログレスバー表示のUIライブラリーとの相性の良さ
という点でメリットを感じたからです。またフォームから入力ないしは選択された情報については、一時的にデータを保持しておくためのクラスを作成しておくことで対応しています。

4.4.1　UIPageViewControllerとの組み合わせ

　UIPageViewControllerを利用してフォーム要素を構成しているViewControllerを組み合わせる際、本サンプルでは図4.7の形でStoryboardを利用しています。

図 4.7: UIPageViewController を利用した場合の Storyboard 構成

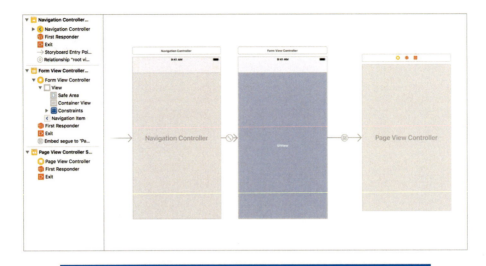

① フォームを表示するViewControllerにContainerViewを配置。
② 配置したContainerViewとUIPageViewControllerを繋いで表示。

フォームを表示するためのUIPageViewControllerを配置する

実際にフォーム要素を表示するためのViewController内には、KYNavigationProgressを利用した進捗表示や、前の画面に戻るボタンと次のフォーム要素画面を表示するボタンを配置するために、UINavigationControllerを利用しています。また、UIPageViewControllerの配置方法は、画面全体にContaierViewを配置してPageViewControllerをEmbed Segueで接続する形です。各々のフォーム要素とUIPageViewControllerと連携するための、いわばフォームの土台となるFormViewController.swiftの具体的なコードは、リスト4.9の形になります。

リスト4.9: フォーム要素とUIPageViewControllerとの連携部分の実装

```
import UIKit
import KYNavigationProgress

class FormViewController: UIViewController {

    // 現在表示しているViewControllerのタグ番号
    private var selectedTag: Int = 0

    // ページングして表示させるViewControllerを保持する配列
    private var targetViewControllerLists = [UIViewController]()
```

```swift
// ContainerViewにEmbedしたUIPageViewControllerのインスタンスを保持する
private var pageViewController: UIPageViewController?

private var closeButton: UIBarButtonItem!
private var nextButton: UIBarButtonItem!

override func viewDidLoad() {
    super.viewDidLoad()

    setupNavigationBarTitle("予約情報の入力")
    setupKYNavigationProgress()
    setupNavigationCloseButton()
    setupNavigationNextButton()
    setupPageViewController()
}

override func didReceiveMemoryWarning() {
    super.didReceiveMemoryWarning()
}

// MARK: - Private Function

@objc private func closeButtonTapped(_ sender: UIButton) {

    // キーボードを閉じる処理
    self.view.endEditing(true)

    // ポップアップで戻る前の確認表示を行う
    let title = "フォームから移動しますか？"
    let message = "現在入力中のデータは削除されます。\n本当に移動しますか？"
    let completionHandler: (() -> ())? = {
        FormDataStore.deleteAll()
        self.dismiss(animated: true, completion: nil)
    }

    // 入力途中のデータを消去して画面へ戻る
    showCloseAlertWith(
        title: title,
        message: message,
        completionHandler: completionHandler
    )
```

```swift
    }

    @objc private func nextButtonTapped(_ sender: UIButton) {

        // 加算したインデックス値を元にコンテンツ表示を更新する
        selectedTag = selectedTag + 1
        setKYNavigationProgressRatio()
        setNextButtonVisibility()

        if selectedTag <= targetViewControllerLists.count - 1 {
            pageViewController!.setViewControllers(
                [targetViewControllerLists[selectedTag]],
                direction: .forward,
                animated: true,
                completion: nil
            )
        }
    }


    // KYNavigationProgressの動かす位置を設定する
    private func setKYNavigationProgressRatio() {
        let ratio = Float(selectedTag) / Float(targetViewControllerLists.count -
1)
        self.navigationController?.setProgress(ratio, animated: true)
    }

    // 右上の次へボタンの表示状態を設定する
    private func setNextButtonVisibility() {
        let view: UIView = nextButton.value(forKey: "view") as! UIView
        view.isHidden = (selectedTag == targetViewControllerLists.count - 1)
    }

    // ナビゲーションバーの右側にボタンを配置する
    private func setupNavigationNextButton() {
        let attributes = getAttributeForBarButtonItem()
        nextButton = UIBarButtonItem(
            title: "次へ",
            style: .plain,
            target: self,
            action: #selector(self.nextButtonTapped(_:))
        )
```

```swift
        nextButton.tintColor = UIColor.white
        nextButton.setTitleTextAttributes(attributes, for: .normal)
        nextButton.setTitleTextAttributes(attributes, for: .highlighted)
        self.navigationItem.rightBarButtonItem = nextButton
    }


    // ナビゲーションバーの左側にボタンを配置する
    private func setupNavigationCloseButton() {
        let attributes = getAttributeForBarButtonItem()
        closeButton = UIBarButtonItem(
            title: "閉じる",
            style: .plain,
            target: self,
            action: #selector(self.closeButtonTapped(_:))
        )
        closeButton.tintColor = UIColor.white
        closeButton.setTitleTextAttributes(attributes, for: .normal)
        closeButton.setTitleTextAttributes(attributes, for: .highlighted)
        self.navigationItem.leftBarButtonItem = closeButton
    }


    // この画面のナビゲーションバー下アニメーションの設定
    private func setupKYNavigationProgress() {
        self.navigationController?.progress = 0.0
        self.navigationController?.progressTintColor = UIColor.init(
            code: "#44aeea", alpha: 1.0
        )
        self.navigationController?.trackTintColor = UIColor.init(
            code: "#eeeeee", alpha: 1.0
        )
    }


    // 左右ナビゲーションバーに関するフォントや配色に関する設定
    private func getAttributeForBarButtonItem() -> [NSAttributedString.Key : Any]
{
        var attributes = [NSAttributedString.Key : Any]()
        attributes[NSAttributedString.Key.font] = UIFont(
            name: "HiraKakuProN-W3",
            size: 13.0
        )
        attributes[NSAttributedString.Key.foregroundColor] = UIColor.white
```

```swift
        return attributes
    }


    // 閉じる際のアラート表示に関する共通処理
    private func showCloseAlertWith(title: String,
        message: String, completionHandler: (() -> ())? = nil) {

        let alert = UIAlertController(
            title: title,
            message: message,
            preferredStyle: .alert
        )
        let okAction = UIAlertAction(
            title: "このページから戻る",
            style: .default,
            handler: { _ in
                completionHandler?()
            }
        )
        alert.addAction(okAction)
        let ngAction = UIAlertAction(
            title: "入力を継続する",
            style: .default,
            handler: nil
        )
        alert.addAction(ngAction)
        self.present(alert, animated: true, completion: nil)
    }


    // UIPageViewControllerの設定
    private func setupPageViewController() {

        // UIPageViewControllerで表示したいViewControllerの一覧を取得する
        let sb = UIStoryboard(name: "FormContents", bundle: nil)
        let firstVC = sb.instantiateViewController(
            withIdentifier: "FormContentsFirstViewController"
        ) as! FormContentsFirstViewController
        let secondVC = sb.instantiateViewController(
            withIdentifier: "FormContentsSecondViewController"
        ) as! FormContentsSecondViewController
        let thirdVC = sb.instantiateViewController(
```

134 | 第4章 入力フォームの実装例

```swift
                withIdentifier: "FormContentsThirdViewController"
        ) as! FormContentsThirdViewController

        // 各ViewControllerの表示内容をセットする
        // タグ番号とインデックスの値を合わせてどのViewControllerかを判別可能にする
        firstVC.view.tag = 0
        secondVC.view.tag = 1
        thirdVC.view.tag = 2

        // ページングして表示させるViewControllerを保持する配列へ追加する
        targetViewControllerLists.append(firstVC)
        targetViewControllerLists.append(secondVC)
        targetViewControllerLists.append(thirdVC)

        // ContainerViewにEmbedしたUIPageViewControllerを取得する
        for childViewController in children {
            if let targetPageVC = childViewController as? UIPageViewController {
                pageViewController = targetPageVC
            }
        }

        // UIPageViewControllerDelegate & UIPageViewControllerDataSourceの宣言
        pageViewController!.delegate = self
        pageViewController!.dataSource = self

        // 最初に表示する画面として配列の先頭のViewControllerを設定する
        pageViewController!.setViewControllers(
            [targetViewControllerLists[0]],
            direction: .forward,
            animated: false,completion: nil
        )
    }
}

// MARK: - UIPageViewControllerDelegate, UIPageViewControllerDataSource

extension FormViewController: UIPageViewControllerDelegate,
UIPageViewControllerDataSource {

    // ページが動いたタイミングに発動する処理を記載するメソッド
    func pageViewController(_ pageViewController: UIPageViewController,
```

第4章 入力フォームの実装例 | 135

```swift
        didFinishAnimating finished: Bool,
        previousViewControllers: [UIViewController],
        transitionCompleted completed: Bool) {

        // スワイプアニメーションが完了していない時には処理をさせなくする
        if !completed { return }

        // ここから先はUIPageViewControllerのスワイプアニメーション完了時に発動する
        if let targetViewControllers = pageViewController.viewControllers {
            if let targetViewController = targetViewControllers.last {

                // 受け取ったインデックス値を元にコンテンツ表示を更新する
                selectedTag = targetViewController.view.tag
                setKYNavigationProgressRatio()
                setNextButtonVisibility()
            }
        }
    }

    // 逆方向にページ送りした時に呼ばれるメソッド
    func pageViewController(_ pageViewController: UIPageViewController,
        viewControllerBefore viewController: UIViewController) ->
UIViewController? {

        // インデックスを取得する
        guard let index = targetViewControllerLists.index(of: viewController)
else {
            return nil
        }

        // インデックスの値に応じてコンテンツを動かす
        if index <= 0 {
            return nil
        } else {
            return targetViewControllerLists[index - 1]
        }
    }

    // 順方向にページ送りした時に呼ばれるメソッド
    func pageViewController(_ pageViewController: UIPageViewController,
        viewControllerAfter viewController: UIViewController) ->
```

```
UIViewController? {

    // インデックスを取得する
    guard let index = targetViewControllerLists.index(of: viewController)
else {
        return nil
    }

    // インデックスの値に応じてコンテンツを動かす
    if index >= targetViewControllerLists.count - 1 {
        return nil
    } else {
        return targetViewControllerLists[index + 1]
    }
}
}
```

4.4.2　キーボードの操作を考慮した画面構成

　最後に、フォーム要素のViewControllerに対してのキーボード操作を考慮する部分について見てみます。ここでは、分割した3つのフォーム要素のうち1番目に表示している画面を例に解説します。ユーザーが情報の入力を行うフォーム部分の画面の構成は、基本的には第2章で解説したUIScrollViewの中にUIStackViewを配置し、さらにその中に部品となるViewを配置する構成を取っています。NotificationCenterによるキーボードの表示時に画面内をスクロールできることと、キーボードが表示されている際に入力に関する部分以外をタップした際にキーボードが閉じる様にする点を考慮しています。しかし、一覧から選択肢をひとつ選ぶ部分はUITableViewで構成されているので、このままではUITableViewのタップが反応しない状態になってしまいます。これを防ぐための実装を加えています。この画面の構成をまとめると図4.8の形になります。

図4.8: フォーム要素における画面構成とポイントになる部分

基本的なフォームの構成

サイズの小さな端末の場合のためにUIScrollViewを利用しその中にUIStackViewを配置する。UIStackViewの中に入力や選択項目に対応するViewを配置する。

キーボード表示と連動した考慮

キーボードの高さ分だけUIScrollViewの調整をするためにNotificationCenterを活用する。またキーボードを表示している際に入力や選択項目以外の部分をタップするとキーボードを閉じる。

タップして選択する部分との競合を防ぐ

今回はUITableViewCellの中にUIButtonを入れてキーボードを閉じる動作と共存できるように考慮する。

そして、例示したフォーム要素におけるViewControllerのコードはリスト4.10の形になります。

リスト4.10: 例示したフォーム要素における実装

```
import UIKit

class FormContentsFirstViewController: UIViewController {

    @IBOutlet weak private var formScrollView: UIScrollView!
    @IBOutlet weak private var inputNameView: FormInputTextFieldView!
    @IBOutlet weak private var addTicketView: FormInputCounterView!
    @IBOutlet weak private var selectEventView: FormSelectTableView!

    override func viewDidLoad() {
        super.viewDidLoad()

        setupFormScrollView()
        setupInputNameView()
        setupAddTicketView()
        setupSelectEventView()
```

```swift
    }

    override func viewWillAppear(_ animated: Bool) {
        super.viewWillAppear(animated)

        NotificationCenter.default.addObserver(
            self,
            selector: #selector(self.keyboardWillBeShown(_:)),
            name: UIResponder.keyboardWillShowNotification,
            object: nil
        )
        NotificationCenter.default.addObserver(
            self,
            selector: #selector(self.keyboardWillBeHidden(_:)),
            name: UIResponder.keyboardWillHideNotification,
            object: nil
        )
    }

    override func viewWillDisappear(_ animated: Bool) {
        super.viewWillDisappear(animated)

        NotificationCenter.default.removeObserver(self)
    }

    override func didReceiveMemoryWarning() {
        super.didReceiveMemoryWarning()
    }

    // MARK: - Private Function

    // キーボードを開く際のObserver処理（キーボードの高さ分だけ中をずらす）
    // 参考: https://newfivefour.com/swift-ios-xcode-resizing-on-keyboard.html
    @objc private func keyboardWillBeShown(_ notification: Notification) {
        guard let userInfo = notification.userInfo as? [String : Any] else {
            return
        }
        guard let keyboardInfo =
            userInfo[UIResponder.keyboardFrameEndUserInfoKey]
            as? NSValue else {
            return
```

第4章 入力フォームの実装例 | 139

```swift
        }
        guard let duration =
            userInfo[UIResponder.keyboardAnimationDurationUserInfoKey]
            as? Double else {
            return
        }
        let keyboardSize = keyboardInfo.cgRectValue.size
        let contentInsets = UIEdgeInsets(
            top: 0,
            left: 0,
            bottom: keyboardSize.height,
            right: 0
        )
        UIView.animate(withDuration: duration, animations: {
            self.formScrollView.contentInset = contentInsets
            self.formScrollView.scrollIndicatorInsets = contentInsets
            self.view.layoutIfNeeded()
        })
    }


    // キーボードを閉じる際のObserver処理（中をずらしたのを戻す）
    @objc private func keyboardWillBeHidden(_ notification: Notification) {
        guard let userInfo = notification.userInfo as? [String : Any] else {
            return
        }
        guard let duration =
            userInfo[UIResponder.keyboardAnimationDurationUserInfoKey]
            as? Double else {
            return
        }
        UIView.animate(withDuration: duration, animations: {
            self.formScrollView.contentInset = .zero
            self.formScrollView.scrollIndicatorInsets = .zero
            self.view.layoutIfNeeded()
        })
    }


    @objc private func formScrollViewTapped(sender: UITapGestureRecognizer) {

        // MEMO: UIScrollViewにキーボードを閉じるためのUITapGestureRecognizerを付与した
が、
```

```swift
        // FormInputSelectTableView 内の FormInputSelectTableViewCell のタップが呼ばれな
い
        // → UITableViewCell(FormInputSelectTableViewCell) に UIButton を配置して対処
する

        // キーボードを閉じる処理
        self.view.endEditing(true)
    }

    private func setupFormScrollView() {
        formScrollView.delaysContentTouches = false

        // MEMO: UIScrollView と FiestResponder の処理を共存させる場合の処理
        let tapGestureForScrollView = UITapGestureRecognizer(
            target: self,
            action: #selector(self.formScrollViewTapped(sender:))
        )
        formScrollView.addGestureRecognizer(tapGestureForScrollView)
    }

    private func setupInputNameView() {
        inputNameView.delegate = self
        inputNameView.setType(.inputName)
        inputNameView.setTitle("お名前:")
        inputNameView.setRemark("※必須", isRequired: true)
        inputNameView.setDescription("イベント参加者もしくは団体の代表者のお名前を入力")
        inputNameView.setPlaceholder("例) さかい ふみや")
    }

    private func setupAddTicketView() {
        addTicketView.delegate = self
        addTicketView.setTitle("必要なチケットの枚数:") 参加予定のイベントを下記よりひとつ選
択
        addTicketView.setRemark("※必須", isRequired: true)
        addTicketView.setDescription("お申し込みをする人数を入力 ※最大50枚まで可能")
        addTicketView.setCountLimit(minimum: 0, maximum: 50)
    }

    private func setupSelectEventView() {
        selectEventView.delegate = self
        selectEventView.setTitle("参加イベントの選択:")
```

第4章 入力フォームの実装例 | 141

```
        selectEventView.setRemark("※必須", isRequired: true)
        selectEventView.setDescription("参加予定のイベントを下記よりひとつ選択")
        selectEventView.setEventList(EventModel.getAllEvents())
    }
}
```

入力フォームをはじめ、UITextFieldやUITextView等のユーザーの情報入力を伴うUIを作成する場合、キーボードと連動した調整と合わせて、使いやすいUIを構築する必要がある部分です。処理の実装に関する工夫に加えて、エンジニア・デザイナー間だけでなくメンバー外の方にもできるだけ触ってもらい、その触り心地や使い心地の確認、その際に感じた違和感や感想をヒアリングして微調整を行っていくと良いでしょう。

個人的にiOSのUI実装以外で気になるトピックはありますか？

筆者がWebデザイナーからキャリアをスタートしてエンジニアになったことや、元はWebアプリケーション開発に長く携わっていたこともあり、個人的にはクロスプラットフォームでの開発や、Swiftに割と近い書き方をするKotlinに関心があります。クロスプラットフォームに関してはReactNativeは少しだけではありますが利用したことがあり、Qiita等へ投稿やMeetupでの登壇をしたこともあります。またFlutterに関してはサンプルを触ったり、チュートリアルの動画を閲覧等を通じての学習や情報収集をしているところです。

ReactNativeやFlutterに関しては、バージョンアップや改善の速度がかなり早くて情報のキャッチアップだけでも大変です。しかし、今後どんな進化を遂げていくかという変遷については関心があります。またReactNativeやFlutterの情報を調べる際には、

・iOS/Android間におけるUI表現やデザインの差異における考慮に関する部分
・アニメーションや複雑な実装を伴うUI表現の実装に関する部分
・サードパーティ製のライブラリーを活用した実装やネイティブコードとの連携
　の3点に関する情報に特に着目するようにしています。

デザインやUI表現にシビアなアプリや、端末が持っている機能を活用するウェイトが大きいアプリを開発する際には、クロスプラットフォームよりもネイティブの実装の方が有利になります。しかし、要件や機能によっては、クロスプラットフォームがより速く実装ができる場面もあるでしょう。特に機能の大部分をAPIサーバーが担う様なアプリで、かつWeb側とアプリ側がほぼ同じ機能であるならば相性は良さそうに感じます。筆者もこの点に関しては正解を見出し切れてはいませんが、本業のiOSアプリ開発と両立しながら知見を蓄えていきたいと思っています。

あとがき

　平素でも技術TIPSやドキュメントの整備等を行っていたので、長い文章を書くことについては抵抗はありませんでしたが、今回の初出版に関してはわからないことの連続でした。普段のQiitaでの投稿や登壇資料の作成等とは勝手が違う作業でしたので戸惑いを覚えることもありました。コミュニティーの方々のアドバイスやサポート等があったお陰でここまで来ることができたこと、本当に感謝しております。

　iOSアプリを開発するからには、UIはアプリとユーザーが最初に交わる接点になる部分です。できる限り「使いやすい・かっこいい・美しい」UIにしたい気持ちは、エンジニアのみならずデザイナーであってもプロダクトオーナーやその他の職種であっても持っていると思います。

　そして機能や内部のビジネスロジックとUIを組み合わせた際に、良いUIと感じる形にするためには、作ったという事実だけでは不十分です。ユーザーがより使いやすい動きにする試行錯誤や微調整が繰り返し発生することもあります。

　そして筆者の中でも、

- ・アプリを使う人の感覚によっても変わる部分なので、ある意味で答えや見解がただひとつに決まるものではない故に、つらさを感じてしまう部分もあるのではないか？
- ・それであればどんな形であれ、実例に近そうなUIに即したサンプル実装例があれば少しでも手助けができるのではないか？

という思いが心の片隅にはありました。（筆者自身も恥ずかしながら、利用したいUIKitが提供しているクラスの特性を十分に理解せずに強引かつ親切ではない実装をしてしまったことや、どのような原理でこの動きがなされているかを理解せずにいきなりUIライブラリーを使ってハマって時間を無駄にしまったことはこれまでもたくさんありました……。）

　アプリのUI実装は答えがただひとつに決まるものではないし、本書で紹介しているサンプルについてもきっと別解や他の解決策はきっとあることでしょう。しかしながら、そこから更に一歩踏み込んで考察することで見える「実装に関する引き出し」や「小さなアプリ画面を彩るアイデア」を貯めていくことはとても有意義な事であると思います。

- ・実装の方法や理屈を知りその方法を元にした応用してより心地よい動きが実現できる時
- ・自分が実装したUIを友人やエンジニア仲間に見せて良い評価が得られた時
- ・機能と画面が組み合わさることによってアプリに生命が宿っていく瞬間に立ち会う時

　仕事終わりにカフェで営業時間いっぱいまで居座りながら、慣れないXcodeとSwift/Objective-Cと戯れていたあの時からもう4年近く経ちますが、この部分はあの時から今もなお変わっていないと感じます。

　最後になりますが、このシリーズは今後も続刊を制作できればと思っておりますので何卒よろしくお願い致します。

著者紹介

酒井 文也 （さかい ふみや）

アプリのUI実装が好きな元デザイナーからジョブチェンジをしたエンジニア。QiitaやGithub
などでもUI実装に関するサンプルや解説記事を投稿したり、Swift愛好会をはじめとする勉
強会等でもたまに登壇しています。
アイデアを練ったり、設計のためのメモや図解を作る時はもっぱら手書き派です。見た目
と違いお酒はまったく飲めませんが、お酒の席に参加するのは好きです。
Twitter: @fumiyasac
Github : https://github.com/fumiyasac
Qiita : http://qiita.com/fumiyasac@github
Slideshare: https://www.slideshare.net/fumiyasakai37

◎本書スタッフ
アートディレクター/装丁：岡田章志＋GY
編集協力：飯嶋玲子
デジタル編集：栗原 翔

〈表紙イラスト〉
湊川 あい （みなとがわ あい）
フリーランスのWebデザイナー・漫画家・イラストレーター。マンガと図解で、技術をわ
かりやすく伝えることが好き。著書『わかばちゃんと学ぶ Webサイト制作の基本』『わか
ばちゃんと学ぶ Git使い方入門』『わかばちゃんと学ぶ Googleアナリティクス』が全国の書
店にて発売中のほか、動画学習サービスSchooにてGit入門授業の講師も担当。マンガでわ
かるGit・マンガでわかるDocker・マンガでわかるUnityといった分野横断的なコンテンツ
を展開している。
Webサイト：マンガでわかるWebデザイン http://webdesign-manga.com/
Twitter：@llminatoll

技術の泉シリーズ・刊行によせて
技術者の知見のアウトプットである技術同人誌は、急速に認知度を高めています。インプレスR&Dは国内最大級の即
売会「技術書典」（https://techbookfest.org/）で頒布された技術同人誌を底本とした商業書籍を2016年より刊行
し、これらを中心とした『技術書典シリーズ』を展開してきました。2019年4月、より幅広い技術同人誌を対象とし
し、最新の知見を発信するために『技術の泉シリーズ』へリニューアルしました。今後は「技術書典」をはじめとし
た各種即売会や、勉強会・LT会などで頒布された技術同人誌を底本とした商業書籍を刊行し、技術同人誌の普及と発
展に貢献することを目指します。エンジニアの"知の結晶"である技術同人誌の世界に、より多くの方が触れていた
だくきっかけになれば幸いです。

株式会社インプレスR&D
技術の泉シリーズ 編集長 山城 敬

●お断り
掲載したURLは2019年1月1日現在のものです。サイトの都合で変更されることがあります。また、電子版ではURL
にハイパーリンクを設定していますが、端末やビューアー、リンク先のファイルタイプによっては表示されないこと
があります。あらかじめご了承ください。
●本書の内容についてのお問い合わせ先
株式会社インプレスR&D メール窓口
np-info@impress.co.jp
件名に「『本書名』問い合わせ係」と明記してお送りください。
電話やFAX、郵便でのご質問にはお答えできません。返信までには、しばらくお時間をいただく場合があります。
なお、本書の範囲を超えるご質問にはお答えしかねますので、あらかじめご了承ください。
また、本書の内容についてはNextPublishingオフィシャルWebサイトにて情報を公開しております。
https://nextpublishing.jp/

●落丁・乱丁本はお手数ですが、インプレスカスタマーセンターまでお送りください。送料弊社負担にてお取り替えさせていただきます。但し、古書店で購入されたものについてはお取り替えできません。
■読者の窓口
インプレスカスタマーセンター
〒 101-0051
東京都千代田区神田神保町一丁目 105 番地
TEL 03-6837-5016／FAX 03-6837-5023
info@impress.co.jp
■書店／販売店のご注文窓口
株式会社インプレス受注センター
TEL 048-449-8040／FAX 048-449-8041

技術の泉シリーズ
iOSアプリ開発　UI実装であると嬉しいレシピブック

2019年2月22日　初版発行Ver.1.0（PDF版）
2019年4月12日　Ver.1.1

著　者　酒井 文也
編集人　山城 敬
発行人　井芹 昌信
発　行　株式会社インプレスR&D
　　　　〒101-0051
　　　　東京都千代田区神田神保町一丁目105番地
　　　　https://nextpublishing.jp/
発　売　株式会社インプレス
　　　　〒101-0051　東京都千代田区神田神保町一丁目105番地

●本書は著作権法上の保護を受けています。本書の一部あるいは全部について株式会社インプレスR&Dから文書による許諾を得ずに、いかなる方法においても無断で複写、複製することは禁じられています。

©2019 Fumiya Sakai. All rights reserved.
印刷・製本　京葉流通倉庫株式会社
Printed in Japan

ISBN978-4-8443-9845-5

NextPublishing®
●本書はNextPublishingメソッドによって発行されています。
NextPublishingメソッドは株式会社インプレスR&Dが開発した、電子書籍と印刷書籍を同時発行できるデジタルファースト型の新出版方式です。https://nextpublishing.jp/